200 GENIALE FAKTEN & lustiges Wissen FÜR COOLE KIDS!

Inhaltsverzeichnis

Einleitung

Schön, dass du hier bist. Du liest gerade ein Buch, welches viele spannende und witzige Dinge für dich bereithält. Ein kleiner Vorgeschmack gefällig? Dann geben wir dir mit diesen einleitenden Worten einen Eindruck von dem, was dich erwartet. Wir haben uns an die Arbeit gemacht, die lustigsten und interessantesten Fakten aus aller Welt aufzuschreiben.

Die Tierwelt ist so vielfältig und bunt, dass wir aus dem Staunen fast nicht mehr herauskommen.
Zum Beispiel sind Kolibris exzellente Meister der Lüfte, denn sie schlagen am schnellsten mit ihren Flügeln und können sowohl seitwärts als auch rückwärts fliegen. Das schafft kein anderer Vogel. Aber mit dem Laufen haben die kleinen Vögel nichts am Hut, denn die Beinchen sind einfach zu schwach dafür.
Kennst du den Kakapo? Nein? Der Name klingt echt witzig, aber ist irreführend, denn Kakapos sind eigentlich gut riechendende Vögel! Warum ihnen der angenehme Duft zum Verhängnis wird, kannst du in diesem Buch lesen.

Auch wir Menschen sind spannende Wesen. Unser Körper besteht aus mehr als 600 Muskeln, die zu Höchstleistungen fähig sind. Davon befinden sich rund 40 Muskeln im Gesicht. Gesichtsmuskeln kann man auch trainieren, indem du dich beispielsweise vor den Spiegel stellst und möglichst viele verrückte Grimassen machst.

Auf und in unserem Körper finden große Bakterien-Partys statt, denn ein Mensch trägt 38 Billionen Bakterien durch die Gegend. Keine Sorge, die winzigen Lebewesen feiern nicht nur wilde Partys, sondern tun auch viel Gutes für unser Wohlbefinden. In verschiedenen Kapiteln findest du weitere beeindruckende Informationen.

Weltweit existieren Gesetze, Sitten und Bräuche, die uns ein Schmunzeln ins Gesicht zaubern oder kritisches Kopfschütteln auslösen.

Ein besonders außergewöhnliches Gesetz finden wir in Memphis, einer Stadt in den USA. Dort dürfen Frauen nur dann ein Auto fahren, wenn ein Mann davor herläuft und eine rote Fahne schwenkt. Die anderen Verkehrsteilnehmer müssen schließlich vorgewarnt werden. Wie bitte? Was ist denn da los?

Zudem gibt es noch viele weitere Dinge, die erschreckend, erstaunlich, lustig oder eklig sind. Fang an, ein wenig im Buch zu stöbern und du wirst schnell feststellen, welche außergewöhnlichen Fakten dir bisher noch nicht bewusst waren.
Wir reisen mit dir durch die Bereiche der Wissenschaft und Technik. Zudem erzählen wir dir von atemberaubenden Rekorden sowie von fesselnden Infos zur Computer- und Spielewelt.
Auch Ekel-Fakten dürfen nicht fehlen, denn diese sind überaus spannend. Im letzten Kapitel warten Life-Hacks auf dich, die zum Erforschen, Spielen und Experimentieren einladen.
Du bist bestimmt schon sehr gespannt, was unsere bunte Welt an kleinen und großen Wundern bereithält. Genieße die Lesezeit und erzähle deinen Freunden, was dich am meisten beeindruckt. Viel Spaß und los geht's!

Lustige Fakten & unnützes Wissen aus aller Welt

Starten wir mit einem bunten Mix aus unterschiedlichen Themenbereichen. Die folgenden Fakten sorgen dafür, dass dir hin und wieder vor Erstaunen vielleicht die Kinnlade herunterklappt. Stinkende Pupse, verschwundene blaue Gummibärchen, weihnachtlicher Müll – was hat es damit auf sich? Lass dich überraschen und starte genau jetzt!

Verrückte Pflanzenwelt – von fetten, milchigen Leberwurstpflanzen

Wenn du den Namen „Fette Henne" hörst, stellst du dir vielleicht ein dickes Huhn vor. Vielleicht gibt es fettleibige Hühner, aber als „Fette Henne" bezeichnet man in erster Linie eine dickblättrige Pflanze. Mithilfe der „fetten" Blätter kann die Pflanze lange Zeit ohne Wasser auskommen, da sie viel Feuchtigkeit speichert. Die Pflanze mit dem Namen „Wolfsmilch" ist nicht mit dem Wolf verwandt. Dafür ist der milchige Pflanzensaft giftig, denn dieser kann bei Berührung allergische Reaktionen hervorrufen.

Jetzt das Beste: der Leberwurstbaum! An diesem Baum wachsen (leider) keine leckeren Leberwürste. Die Pflanze wächst in Afrika, vorrangig am Fluss Luangwa. Leberwurstbäume bieten Tieren lebensnotwendigen Schutz und nährstoffreiche Nahrung.

Aus dem Stau ins Ziel gerannt

1968 kam der Olympiateilnehmer Kip „Keino" fast zu spät zum Finale des 1500-Meter-Laufs. Ein Verkehrschaos verhinderte beinahe, dass er sein heiß ersehntes Ziel erreichen konnte. Sein Auto steckte im Stau fest. Keino traf eine zügige und wichtige Entscheidung: Raus aus dem Auto und so schnell zum Stadion rennen, wie es nur geht! Nach 4 Kilometern hatte er das Ziel erreicht. Keino kam gerade noch rechtzeitig, rannte wie ein Blitz als Erster ins Ziel und wurde mit der Goldmedaille belohnt.

Die Sache mit dem Pupsen

Jeder von uns muss hin und wieder pupsen. Das ist vollkommen natürlich, denn unser Darm arbeitet ständig auf Hochtouren. Im Darm bilden sich Gase, die aus unserem Körper raus wollen. Das Ablassen der Pupse hat viele interessante Bezeichnungen, wie zum Beispiel Blähwind, Furz,

Darmwind oder Flatus. In der Badewanne oder unter der Dusche sind wir meist entspannt, sodass dort so manch ein Furz gerne den Weg ins Freie sucht. Genau dann stinken die Blähungen am stärksten. Zum einen liegt das daran, dass der Raum häufig recht klein ist und der Pupsduft nicht weg kann. Auch durch die Feuchtigkeit in der Raumluft bleibt der Gestank lange erhalten. Ein meisterhafter Furz: Ein Mann aus England hält den Rekord für den bisher längsten Pups. Fast eine Minute lang – nämlich genau 59 Sekunden – furzte der Engländer ununterbrochen!

Wenn es nicht beim Pupsen bleibt

Nicht nur wir Menschen furzen, sondern auch Tiere. Wenn beispielsweise Hunde pupsen, kann uns der stark müffelnde Geruch Tränen in die Augen treiben. Besonders dann, wenn der kuschelige Freund unter deiner Bettdecke bläht, solltest du geschwind deine Decke heben und vielleicht auch das Zimmer lüften. Furzen Fellnasen an der frischen Luft, hörst du die Pupse eventuell, aber der Geruch verschwindet mit dem Wind. Nicht nur Pupse fliehen aus dem Darm, sondern

auch Kot verlässt den Verdauungstrakt. In Paris hinterlassen die Tiere jährlich tausende Kilo Hundekacke auf den Straßen. Das führt dazu, dass jedes Jahr ungefähr 400 Menschen im Krankenhaus landen, weil sie auf Hundehaufen ausgerutscht sind.

Bitte nicht springen!

Nilpferde, Faultiere und Elefanten sind die einzigen Säugetiere, die nicht springen können. Das hat die Natur clever eingerichtet, denn hüpfende Bewegungen würden einem Elefanten zu viel Energie kosten. Sie brauchen schlichtweg keine Sprünge für ihr Überleben. Faultiere chillen lieber am Baum und gehen alles ruhig an, um ihr Leben tagein und tagaus zu genießen.

Ein Schlüssel – viele Polizeiautos

Du hast die Chance, den Autoschlüssel eines Polizeiautos in den Händen zu halten? Dann kannst du meist auch alle anderen Polizeiautos mit dem Schlüssel öffnen! Polizeibeamte sind oft in Eile, sodass es eine Erleichterung ist, wenn ein Schlüssel alle Autos entriegelt.

Praktische Stöckelschuhe für Männer

Heutzutage sehen wir Schuhe mit hohen Absätzen, sogenannte „High Heels", meist an Frauen. Jedoch wurden Stöckelschuhe ursprünglich für Männer angefertigt. Im 10. Jahrhundert trugen persische Krieger Schuhe mit Absätzen, denn so hatten sie besseren Halt in den Steigbügeln ihrer Pferde. Erst im 18. Jahrhundert entdeckten Damen das hohe Schuhwerk für sich. Viele Frauen fühlen sich damit schöner, denn die Füße wirken eleganter und der Körper erscheint größer. Hast du schonmal Reiter mit Stöckelschuhen gesehen? Vielleicht zum Karnevalsumzug? In der Regel verzichten Reiter auf High Heels. Es gibt in der heutigen Zeit weitaus geeigneteres Schuhwerk, um die Zeit auf dem Rücken der Pferde zu genießen.

Ein Mensch – zwei Stimmen?

Viele Menschen bekommen einen Schreck, wenn sie eine Aufnahme ihrer Stimme hören. Die meisten finden es ganz und gar nicht toll, denn die Stimme hört sich anders an als das, was man selbst beim Reden hört. Beim Sprechen hören wir unsere Stimme von innen und außen. Bei einer Aufnahme nehmen wir unsere Stimme jedoch nur von außen wahr. Die innere Wahrnehmung fehlt, sodass wir eine veränderte Tonlage hören.

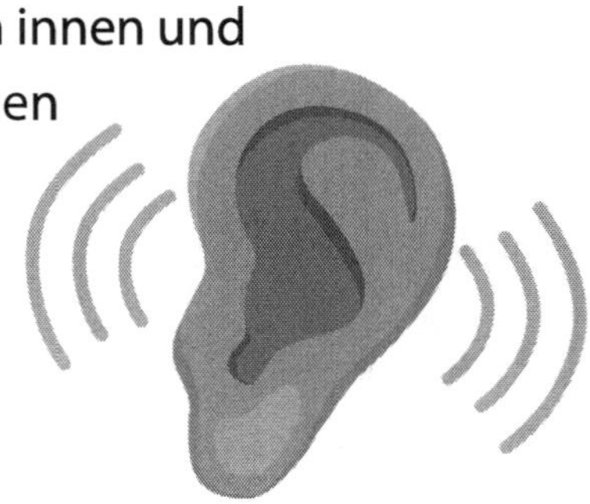

Der langweiligste Tag der Geschichte

Jeden Tag geschehen bedeutsame oder weniger bedeutsame Dinge auf unserem Planeten. Softwareentwickler des Unternehmens True Knowledge behaupten, dass der 11. April 1954 der am wenigsten interessante Tag in der Geschichte der Menschheit ist. Dafür sammelten sie im Rahmen eines Suchmaschinenprojektes Fakten. Das Ergebnis war eindeutig, denn am 11. April 1954 sind von insgesamt 300 Millionen Fakten nur 2 aufgetreten: Jack Shufflebothan, ein Fußballspieler, ist gestorben. Abdullah Atalar, ein türkischer Forscher, wurde geboren. Für jeden anderen sind das zwar nur 2 Fakten, aber für diese beiden Menschen bedeuten sie alles.

Schule – vom längsten Schulweg zur größten Schule

Ein paar spannende Fakten rund um das Thema Schule gefällig?

1. In Deutschland gibt es ungefähr 15.400 Grundschulen.
2. Ein sächsischer Schüle hat den längsten Schulweg Deutschlands. Von seinem Zuhause bis zur Schule sind es circa 35 Kilometer.

3. Die bisher jüngste Abiturientin mit einem Notendurchschnitt von 1,0 war beim Schulabschluss im Jahr 2019 14 Jahre alt.
4. Vor dem Jahr 1911 war eine Schulstunde 60 Minuten lang. Erst danach wurde der 45-minütige Zeitrahmen festgelegt.
5. An einigen amerikanischen Schulen kann man Kostümdesign oder Surfen als Schulfach wählen.
6. Deutschlandweit arbeiten ungefähr 904.500 Lehrerinnen und Lehrer.
7. In Indien besuchen 44.000 Schülerinnen und Schüler die größte Schule der Welt.

Frohe Weihnachten – viel Freude, viel Müll

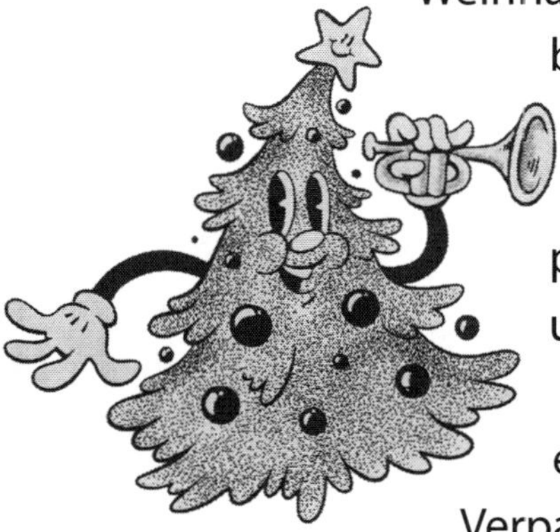

Weihnachten ist das Fest der Liebe. Glücklich blicken wir unter den Weihnachtsbaum und freuen uns über allerlei Geschenke. Oft reißen wir die Verpackung in null Komma nichts herunter, weil wir das Geschenk schnell in den Händen halten wollen. Dabei entsteht jedes Jahr unglaublich viel Verpackungsmüll: 8.000 Tonnen! Zum Vergleich: Der Pariser Eifelturm hat ein Gewicht von circa 10.000 Tonnen. Aus dem ganzen Weihnachtsmüll könnten wir demnach einen neuen Eifelturm basteln, der fast genauso schwer ist wie das Original.

Wenn die Liebe ein Leben lang hält

Nicht nur Menschen haben die Chance, die große Liebe zu finden und für immer zusammenzubleiben. Auch im Tierreich gibt es viele Arten, die ihrem oder ihrer Liebsten nicht von der Seite weichen. Dazu zählen zum Beispiel Schwäne, Wölfe, Goldschopfpinguine, Regenbogenpapageien, Störche, Gibbons, Seepferdchen, Präriewühlmäuse, Schwertwale, Wanderalbatrosse und Elefanten. Wanderalbatrosse führen sogar eine Fernbeziehung, denn oft sind sie für mehrere Monate tausende Kilometer vom anderen entfernt. Sie treffen sich lediglich einmal jährlich in ihrer Heimat im Südpolarmeer.

Hoch die Hände – Wochenende!

Henry Ford war ein US-amerikanischer Automobilpionier und Erfinder zu Beginn des 19. Jahrhunderts. Er gründete den Automobilhersteller Ford. Henry Ford war ein erfolgreicher Geschäftsmann, der viele Mitarbeiter in seinem Unternehmen beschäftigte. Seine Arbeiter waren ihm wichtig, sodass er für mehr Freizeit sorgte. Ford gab seinen Mitarbeitern Samstag und Sonntag frei, damit sie genug Zeit mit ihrer Familie und ihren Autos verbringen konnten. Das war damals neu und ungewöhnlich. Andere Unternehmer erkannten die Vorteile und übernahmen die Idee des Wochenendes – bis in die heutige Zeit.

High Five! So entstand die Geste

Die beliebte Handgeste „High Five“ kam erstmals im Jahr 1977 bei einem Baseballspiel auf. Damals streckte der Spieler Dusty Baker nach einem Sieg die Hände in die Luft. Ein Mitspieler war ebenso voller Freude und klatschte ihm auf die Handfläche. Das „High Five“ war geboren.

Schlaf – die Zeit im Traumland

Wusstest du, dass der Koala die größte Schlafmütze im Tierreich ist? Die knuffigen Tiere schlummern bis zu 22 Stunden täglich. Was gibt es noch für spannende Schlaf-Fakten? Diese hier:

1. Katzen und Hunde können träumen. Schwelgen die Tiere im Traumland, zucken sie häufig mit den Pfoten und geben Laute von sich.
2. Giraffen sparen am Schlaf, denn sie schlummern nur 2 Stunden am Tag. Sie legen sich auch nicht gemütlich nieder, sondern bleiben dabei stehen.
3. Delfine schließen beim Schafen nur ein Auge. Damit sie die Atmung beim Nickerchen nicht vergessen, bleibt eine Gehirnhälfte immer wach.
4. Menschen verbringen circa 6 Jahre ihres gesamten Lebens mit Träumen.

5. Wir verlieren während des Schlafens ungefähr einen halben Liter Flüssigkeit. Deshalb haben wir am Morgen meist großen Durst.
6. Wenn wir schnarchen, können wir nicht träumen. Gut so, denn Schnarchgeräusche könnten sonst wundervolle Träume stören.

Harry Potter und die geheimnisvollen Zahlenbücher

Kannst du dich an die riesige Bibliothek von Dumbledore in den Harry Potter-Filmen erinnern? Alle Bücher, die du dort siehst, sind dicke Telefonbücher. Ein wenig Farbe hier und da – schon ist das Zauberbuch fertig! Vielleicht bekommst du irgendwann einen Anruf von Dumbledore...

Das etwas andere Fußballspiel

Jedes Jahr veranstaltet der britische Ort Ashbourne das wohl verrückteste Fußballspiel: Shrovetide Fußball. Das Dorf ist durch einen Fluss getrennt, sodass sich die Teams aus den Bewohnern der jeweiligen Seite zusammensetzen. Jeder, der Lust zu kicken hat, darf mitspielen. In der Ortsmitte wird angestoßen und der Ball muss ins gegnerische Tor gelangen. Das Spielfeld ist mit seinen gut 5 Kilometern außergewöhnlich groß, sodass einem beim Sprint zum anderen Tor schonmal die Puste ausgehen kann.

Wenn Eisbären abtauchen

Mit dem hohen Norden verbinden wir auch Eisbären. Die weißen Bären zählen zu den Meerestieren, die sich dem Lebensraum perfekt angepasst haben. Sie sind perfekte Schwimmer und das Fell ist sehr dicht. Eisbären können hunderte Kilometer im Meer zurücklegen. Wusstest du, dass die weißen Bären unter ihrem wasserabweisenden Fell schwarze Haut haben? Dadurch wärmen sie sich bei Sonnenschein schnell auf.

Warum Comicfiguren Handschuhe lieben

Viele Comicfiguren tragen Handschuhe, wie beispielsweise Donald Duck, Micky Maus, Super Mario und Pinocchio. Es gibt verschiedene Theorien, warum die Figuren immer mit Handschuhen zu sehen sind.

1. Zu Beginn des Comics kostete es viel Zeit, die Bewegungen der Comicfiguren zu zeichnen. Handschuhe ließen sich zügiger und einfacher aufs Papier bringen als Finger.

2. Die Figuren ähneln Menschen. Deshalb sollte Micky Maus keine Mäusepfötchen haben, sondern Menschenhände.
3. Donald Duck & Co. müssen auch in schwarz-weiß gedruckten Büchern interessant aussehen. Weiße Handschuhe fallen auf und verleihen den Figuren das gewisse Etwas.

Das intelligente Kamelauge

Kamele besitzen pro Auge nicht nur ein Augenlid, auch keine 2, sondern 3 Lider! Diese brauchen die Tiere, denn so sind die Augen ideal vor Wüstensand geschützt. Das dritte Augenlid ist transparent, sodass das Tier trotz geschlossenem Lid sehen kann. Ein anderes Lid schließt seitlich und ist damit perfekt geeignet, um Sandkörner zu entfernen.

Ziemlich alt und knochig

Forscher entdeckten das bisher älteste Musikinstrument der Welt: eine Flöte aus Mammutelfenbein und Gänsegeierknochen. Das Instrument soll zwischen 35.000 und 43.000 Jahre alt sein. Schade, dass die Flöte nicht erzählen kann, was sie in den vielen Jahren auf der Erde erlebt hat.

Sprache – wenn Worte unseren Mund verlassen

Die Welt der Worte ist unglaublich vielfältig, denn es gibt auf unserem Planeten etwa 6.500 Sprachen. Lust auf faszinierende Fakten zum Thema Sprache? Dann befinden sich deine Augen hier genau richtig!

1. Deutsch gehört zu den indogermanischen Sprachen.
2. 955 Millionen Menschen sprechen Mandarin-Chinesisch als Muttersprache. Das ist somit die meistgesprochene Muttersprache.
3. Ungefähr 1,5 Milliarden Menschen können sich in englischer Sprache verständigen.
4. Papua-Neuguinea ist ein Land, in dem allerlei Sprachen zu Hause sind. Wenn man quer durchs Land reist, kann man 840 verschiedene Sprachen hören.
5. In welchen Ländern außerhalb Deutschlands fallen deutsche Worte? Deutsch wird auch in der Schweiz, in Liechtenstein, Österreich, Ostfrankreich, Norditalien, Luxemburg und teilweise in Belgien gesprochen.
6. Die deutsche Sprache umfasst circa 300.000 Wörter. Der Buchstabe E wird am häufigsten verwendet.
7. Das längste deutsche Wort lautet „Grundstücksverkehrsgenehmigungszuständigkeitsübertragungsverordnung“. Mit 67 Zeichen landet das Wort auf Platz 1.
8. Jeden Monat sterben 2 Sprachen aus.

Roboter – unschlagbare Spielgegner

Das Lösen des sogenannten Rubiks-Würfels (Dreh-Puzzle) stellt für die meisten Menschen eine gewisse Herausforderung dar. Dennoch schafft es der Weltrekordhalter, den farbigen Puzzle-Würfel in 4,47 Sekunden zu meistern. Lässt man einen Roboter ans Werk, gelingt es diesem ohne Weiteres in unter einer Sekunde. Da macht es doch viel mehr Spaß, menschliche Spielfreunde zu haben.

Eier – blau, beliebt und kostbar

In Peru legen viele Hühner blaue Eier. Die Schwefelkonzentration ist im Boden der Anden (Gebirge) extrem hoch. Deshalb landen häufig blaue Eier im Nest. In Deutschland gibt es auch blaue Eier, allerdings nur, wenn wir sie für die Osterfeiertage färben. Die meisten von uns lieben es, Eier zu verspeisen. Im Jahr essen Deutsche über 17 Milliarden Eier. Das sind umgerechnet circa 212 Eier je Einwohner. Für das teuerste Ei der Welt müsstest du dein Taschengeld lange Zeit sparen, denn das kostbare Ei hat einen Wert von ungefähr 30 Millionen Dollar. Essen kannst du das Ei nicht, denn es handelt sich um einen Diamanten.

Die nördlichste Großstadt der Welt

Kalt, kälter, am kältesten! Die Großstadt Norilsk liegt in Russland. Sie befindet sich ungefähr 300 Kilometer nördlich vom nördlichen Polarkreis. Damit ist Norilsk die am nördlichsten gelegene Großstadt der Erde.

Nicht nur Hamster hamstern

Wenn du Zuhause anfängst, alle Gegenstände zu zählen, brauchst du eine Menge Zeit. Jede Familie hat durchschnittlich 15.000 Dinge im Haushalt. Wir besitzen rund 18 Elektrogeräte. Die meisten Deutschen lieben es, neue Kleidung zu kaufen, sodass circa 70 neue Kleidungsstücke pro Jahr im Kleiderschrank landen. Wir sammeln einfach gerne und können uns meist nur schwer von Dingen trennen.

Wenn Brasilien, Kalifornien und Amerika vor der eigenen Haustür liegt

Das sind wirklich Orte, Gemeinden oder Stadtteile, die sich in Deutschland befinden. Warum also in die Ferne schweifen, wenn wir die Chance auf brasilianischen Urlaub in Deutschland haben? Zudem gibt es auch die deutschen Orte Rom, Texas und Russland. Auch in „Welt" leben circa 200 Deutsche.

In England stehen die schlausten Mülltonnen der Welt

Können Mülltonnen denken? Abfalleimer besitzen zwar kein Gehirn, aber man kann diese so bauen, dass sie clevere Dinge tun. Im englischen Ort Bath geben Mülleimer einen Alarm von sich, sobald die Füllhöhe erreicht ist. Da bleibt nur zu hoffen, dass die Müllabfuhr zeitnah kommt und dem Lärm ein Ende bereitet.

Lust auf Sommerferien im Winter?

Na dann auf nach Australien! Australische Schüler genießen ihre Sommerferien im Dezember und Januar, weil die australische Sonne in diesen Monaten extrem fleißig ist. Auf der südlichen Halbkugel herrscht Hitze, während sich bei uns winterliche Temperaturen breitmachen.

Wenn Bäume im Klo landen

Jeden Tag gelangen Unmengen an Klopapier in der Kanalisation. Weltweit werden täglich 27.000 Bäume in Form von Toilettenpapier heruntergespült. Trotz der hohen Menge an Papier wächst daraus kein neuer Wald – schade.

Kolibris – kleine Wundervögel mit fehlender Beinkraft

Die kleinsten Vögel der Welt sind in der Lage, auf der Stelle sowie seitwärts und rückwärts zu fliegen. Das schafft kein anderer Vogel. Allerdings fehlt es den zarten Beinchen an Kraft, sodass die Winzlinge nicht laufen können. Sie setzen voll und ganz auf ihre leistungsfähigen Flügel. Eine Sache gelingt ihnen: Sie könnten sich mithilfe der Beine zur Seite schieben. Ob der kleine Vogel diese Fähigkeit auch nutzt, bleibt im Verborgenen. Er verlässt sich lieber auf seine außergewöhnlichen Flügel und flattert damit wunderbar durchs Leben.

Teebeutel – versehentlich erfunden, für immer geblieben

Die Erfindung des Teebeutels war nicht beabsichtigt. Der Händler Thomas Sullivan liebte seinen Tee über alles und suchte nach einer praktischen Verpackung, mit der er den Tee bestmöglich an seine Kunden verschicken konnte. Sperrige Teedosen nahmen zu viel Platz weg und kosteten zu viel Geld. Schnell fand er eine ideale Lösung, indem er kleine Beutel aus Seide mit seinem Tee befüllte. Die Kunden waren hocherfreut und ließen den Tee während der Zubereitung einfach im Seidenbeutel.

Wenn Löwen in Mülltonnen brüllen

Im Film „König der Löwen" hören wir, wie kräftig Löwen brüllen können. Doch wie haben Filmproduzenten das Gebrüll aufgezeichnet? In der Wildnis von Afrika? Nein, denn das wäre viel zu aufwendig. Professionelle Synchronsprecher können die Löwengeräusche hervorragend nachahmen, indem sie in Mülltonnen brüllen!

Spinnweben – stärker als Stahl!

Wenn man Stahl so verarbeiten würde, bis er so dünn wie eine Spinnwebe ist, wäre das Metall weniger stabil als Spinnweben. Der Faden eines Spinnennetzes ist dünner als Menschenhaar, aber so fest wie Nylon in derselben Stärke und viel härter als Stahl.
Außerdem können sich Spinnweben bis zu 30 Prozent ausdehnen, ohne zu reißen. Viele Wissenschaftler sind fasziniert von diesem Wunderwerk der Natur, sodass viele Experimente erfolgten. In einem Experiment fanden Forscher heraus, dass ein aus Spinnweben hergestelltes Seil von 5 Zentimetern Durchmesser locker ein riesiges Passagierflugzeug halten könnte. Dennoch bleibt das vorerst in der Theorie, denn kein Mensch konnte bislang eine Spinnwebe mit all ihren Eigenschaften künstlich herstellen.

Schön schmatzen, schlürfen und rülpsen

Beim Essen der leckeren Nudeln so richtig schmatzen? Die Suppe genussvoll und laut schlürfen? Am Tisch einen beachtlichen Rülpser rauslassen? Diese Dinge finden Erwachsene in der westlichen Welt eher befremdlich bis eklig. Doch in einigen Kulturen ist dieses Verhalten erwünscht und gehört zum Alltag. In China ist es ein Zeichen der Höflichkeit und des Respekts, wenn man schürft, schmatzt und rülpst. Das Aroma des Essens gelangt zudem besser in die Nase, wenn wir genüsslich schmatzen.

Wenn viereckige Melonen im Supermarktregal liegen

Melonen haben von Natur aus eine runde Form. Doch der Mensch greift immer wieder in natürliche Prozesse ein, sodass merkwürdige Dinge entstehen. In Japan werden viereckige Melonen gezüchtet, weil der Platz im Supermarkt begrenzt ist. In Japans Hauptstadt Tokio leben circa 37 Millionen Menschen. Eckige Melonen sparen Platz, lassen sich besser transportieren und ideal stapeln.

Hast du genug Müll dabei?

Diese Frage müssen Bergsteiger beantworten und ihren Müll zeigen, wenn sie vom höchsten Berg der Welt zurückkommen. In den letzten Jahrzehnten hat sich am

Mount Everest extrem viel Müll angesammelt. Das soll so nicht weitergehen. Deshalb müssen Bergsteiger eine Geldstrafe zahlen, wenn sie auf dem Rückweg zu wenig Müll dabeihaben.

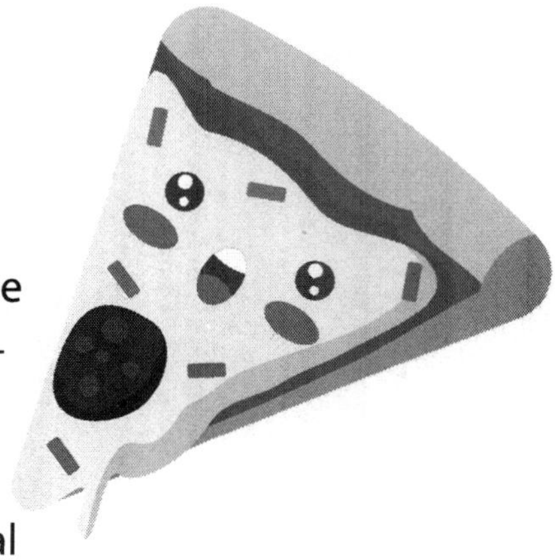

Wie die runde Pizza in den eckigen Karton kam

Pizzakartons haben eine eckige Form, weil das Herstellungsverfahren für runde Verpackungen zu kostspielig und aufwendig wäre. Runde Kartons müssten erst einmal eckig produziert und dann abgeschnitten werden.

Wenn Alpakas einsam sind

Alpakas gehören zur Familie der Kamele und schauen einfach knuffig aus. Die niedlichen Tiere mögen es, mit anderen Alpakas zusammenzuleben. Einsamkeit vertragen Alpakas überhaupt nicht. Das geht sogar so weit, dass die wuscheligen Tiere vom Alleinsein krank werden und sterben können. Sie brauchen andere Artgenossen, um gesund und glücklich zu bleiben. Auch wenn Menschen sich rührend um ein einzelnes Alpaka kümmern, können sie nicht die Herde ersetzen. Deshalb: Alpakas niemals einzeln, sondern am besten eine ganze Herde halten.

Es regnet? Ab ins Museum!

In Berlin regnet es ungefähr 106 Tage im Jahr. An jedem Regentag kannst du ein anderes Berliner Museum besuchen, denn dort gibt es sage und schreibe 180 Museen! Demnach hättest du nach einem Jahr noch nicht alle Berliner Museen betreten.

Als sich 2 Länder eine Flagge teilten

Jedes Land der Welt besitzt eine Flagge, die einzigartig aussieht. Doch das war nicht immer so. Bis zum Jahr 1937 hatten Liechtenstein und Haiti dieselbe Flagge. Erst zu den olympischen Spielen im Jahr 1936 fiel auf, dass die Flaggen der Länder zufällig gleich aussehen. Liechtenstein änderte das zügig, indem der Flagge eine Krone hinzugefügt wurde.

Dreckige Kleidung? Ab ins Feuer!

Astronauten können sich das Waschen der Kleidung sparen, denn auf der Raumstation gibt es keine Waschmaschine. Wohin dann mit der Dreckwäsche? Astronauten stecken die getragene Kleidung in ein unbemanntes Nachschubschiff. Wenn das Schiff voll ist, fliegt es zurück zur Erde. Die schmutzige Kleidung

erreicht jedoch nie das Innere einer Waschmaschine, denn das Wäscheschiff verglüht, wenn es die Erdatmosphäre erreicht. Somit muss sich niemand ums Wäschewaschen kümmern. Auch schön.

Wie lange schlafen Tiere?

Erwachsene Menschen schlafen ungefähr 7 bis 8 Stunden. Wie lange würdest du schlafen, wenn du ein Goldhamster, eine Katze oder Giraffe wärst? Das erfährst du jetzt!

- Python-Schlange: 18 Stunden
- Kuh: 3,9 Stunden
- Pferd: 2,9 Stunden
- Schwein: 7 bis 8 Stunden
- Braune Fledermaus: 20 Stunden
- Giraffe: 1,9 Stunden
- Tiger: 15,8 Stunden
- Hund: 10,7 Stunden
- Afrikanischer Elefant: 2 Stunden
- Katze: 12,1 Stunden
- Schimpanse: 9,7 Stunden
- Goldhamster: 14,3 Stunden

Die nützlichen Popel

Popel entstehen zum einen aus Schleim, den dein Körper ständig bildet. Am Tag sind das um die 500 Milliliter. Der Schleim erwärmt die eingeatmete Luft und hält die Nasenschleimhaut feucht. Zudem bleiben Pollen, Staub, Keime und andere kleine Dinge am Nasenschleim haften, sodass die Lunge geschützt wird. Deine Nasenhaare transportieren den Schleim sowie die darin eingeschlossenen Dinge Richtung Nasenausgang. Nun trocknet der Nasenschleim und klumpt zusammen – ein Popel ist entstanden. Wenn du das nächste Mal einen Popel entdeckst, kannst du stolz auf deine gut funktionierende Nase sein.

Das Spiel der Spiele: Verstecken

Das Versteckspiel ist weltweit ein Highlight. Wissenschaftler fanden nirgends auf der Welt ein Volk, bei dem Menschen nicht Verstecken spielen.

Der blaue Meeresriese

Vielleicht weißt du schon, dass der Blauwal das größte Säugetier der Welt ist. Aber wusstest du auch, dass ein Blauwalbaby mit einer Länge von 8 Metern auf die Welt kommt? Dabei wiegt der kleine Wal so viel wie 6 Pferde! 7 Monate lang trinkt der Nachwuchs Muttermilch. Der Durst ist groß, denn ein Blauwalbaby verdrückt circa 250

Liter Muttermilch am Tag. Blauwale besitzen auch eine beachtliche Stimme, denn Walgesang kann so laut wie ein startender Düsenjet sein.

Der schönste blaue Sonnenuntergang

Blauer Sonnenuntergang? Das gibt's doch gar nicht! Oder doch? Das eindrucksvolle Schauspiel eines Sonnenuntergangs können wir meist in wunderschönen rötlichen Farben bestaunen. Würden wir auf dem Mars leben, sehen wir tagsüber einen roten Himmel und beim Untergehen der Sonne färbt sich dieser tatsächlich blau! Da lohnt sich die Reise zum Mars.

Der runde Schatz unterm Bett

Viele Menschen träumen davon, eines Tages einen wertvollen Schatz zu finden. Die geheimnisvolle Kiste vom Trödelmarkt oder die verstaubte Truhe auf dem Dachboden – alles hat einen bestimmten Wert. Wir hören immer wieder von Menschen, die einen kostbaren Schatz besaßen, ohne es zu wissen. So geschah es auf den Philippinen. Dort besaß ein Fischer die größte Salzwasserperle der Welt. Diese wog 34 Kilogramm und lag unter seinem

Bett. Der Mann liebte die Riesenperle und pflegte sie sehr gut. Doch er hatte in seinen kühnsten Träumen nicht damit gerechnet, dass die Perle einen Wert von mehr als 80 Millionen Euro hatte! Davon kann er sich ziemlich viele und große Fischerboote kaufen.

Gesunde Piloten durch unterschiedliche Mahlzeiten

Auf dem Weg in den Urlaub nutzen wir häufig das sicherste Verkehrsmittel der Welt: das Flugzeug. Damit das auch so bleibt, besteht an Board eine Essensregel, die immer eingehalten werden muss: Piloten und Co-Piloten nehmen während des Fluges niemals das gleiche Essen zu sich. Falls ein Menü schädliche Keime enthält und Vergiftungserscheinungen hervorruft, kann der andere Pilot übernehmen und weiterfliegen.

Eine Krake – viele Herzen

Unser Herz ist wie ein Hochleistungsmotor, der Tag und Nacht arbeitet. Menschen und fast alle Tiere besitzen ein Herz, das den Körper mit Blut versorgt. Eine Krake hat nicht nur viele Arme, sondern auch mehrere Herzen. Von insgesamt 3 Herzen ist eines das Hauptherz. Die Meerestiere fallen nicht nur durch die Anzahl der

Herzen auf, sondern auch durch ihre farblichen Veränderungsmöglichkeiten. Sie wechseln ihre Hautfarbe schneller als ein Chamäleon und passen sich im Handumdrehen ihrer Umgebung an. Neben den Kraken gibt es auch andere Tiere, die mehr als ein Herz besitzen: Aale schlängeln sich mit 2 Herzen durchs Wasser.

Ein Satz – alle Buchstaben

Unser Alphabet besteht aus 26 Buchstaben. Irgendwann hatte jemand die Idee, alle Buchstaben in einem Satz unterzubringen. Dabei entstanden Sätze wie zum Beispiel: „Zwölf Boxkämpfer jagen Viktor quer über den großen Sylter Deich." oder „Franz jagt im komplett verwahrlosten Taxi quer durch Bayern." Kannst du alle 26 Buchstaben finden? Solche Sätze werden in der Fachsprache Pangramme genannt. Nun bleibt zu hoffen, dass Viktor und Franz die Pangramm-Situation gut überstehen.

Wenn ein Papagei einkauft

Einige Papageien sind Meister darin, das Sprechen zu lernen. Besonders Graupapageien gelingt es ausgesprochen gut. Solch ein sprachgewandter Graupapagei namens Rocco lebt in Großbritannien. Er liebt es, viel zu quatschen und noch mehr liebt er es, heimlich Waren im Internet zu bestellen. Kaum ist die Familie aus dem Haus, schaltet er das Lautsprechersystem Alexa ein und gibt Online-Bestellungen über die Sprachfunktion auf. Dabei erzählt er in aller Ruhe, was er gerne essen möchte. Seine Lieblingsbestellungen sind Wassermelonen, Eiscreme, Brokkoli und Rosinen. Zudem legte er auch schon Töpfe und Glühbirnen in den Online-Warenkorb. Leider weiß er noch nicht, wie er bezahlen und die Bestellung abschicken kann. Somit erlebt die Familie zum Glück keine ungewollten Überraschungen. Neben dem Einkaufen hat Rocco noch eine weitere Lieblingsbeschäftigung: das Tanzen. Zum Glück kann Alexa nicht nur Warenkörbe befüllen, sondern jederzeit Roccos Top-Songs abspielen.

Du bist aber groß geworden!

Diesen Satz hast du sicher schon oft gehört. Kinder wachsen je nach Entwicklungsphase unterschiedlich schnell. In deinem ersten Lebensjahr erfolgt der größte Wachstumssprung. Wenn du im selben Tempo weiterwachsen würdest wie in den ersten 12 Lebensmonaten, dann hättest du am 18. Geburtstag ungefähr eine Größe von 5 Metern.

Fliegende Schildkröten bringen Unglück

Überlieferungen zufolge hatte der griechische Dichter Aeschylus im Jahr 455 vor Christus großes Pech. Er machte eine gefährliche Bekanntschaft mit einer Schildkröte, die durch die Lüfte flog und auf seinem Kopf landete. Konnten Schildkröten im Jahr 455 vor Christus wirklich fliegen? Ja, aber nur mithilfe eines großen Greifvogels. Der Vogel wollte die Schildkröte verspeisen und versuchte, den Panzer durch das Fallenlassen zu knacken. Der Kopf des Dichters wirkte wie ein großer Stein, da er eine Glatze trug. Der Greifvogel nutzte seine Chance und zielte gut, denn die Schildkröte verletzte den Mann am Kopf, sodass er die Begegnung nicht überlebte.

Wie schnell sich die Online-Welt drehen kann

Lawrence Roberts war ein amerikanischer Informatiker und einer der Urväter des Internets. 1967 fand er den Austausch von Botschaften über Online-Plattformen ziemlich langweilig. Roberts war der Meinung, dass dies keine Zukunft hat, weil Menschen seiner Ansicht nach lieber persönlich kommunizieren. Wie schnell die Welt sich ändern kann, denn heute sind soziale Netzwerke wie Facebook, Twitter, Instagram, WhatsApp, E-Mails & Co. nicht mehr wegzudenken.

Kuschlige Tiere mit eckigen Kothäufchen

Wombats sind niedliche Beuteltiere, die in Australien leben. Wenn du in Australien unterwegs bist und kleine, stinkende Würfel findest, dann hat ein Wombat auf diesem Weg seine geometrisch geformten Ausscheidungen hinterlassen. Bis heute hat noch niemand herausgefunden, warum die Wombat-Häufchen aus würfelförmigen Portionen bestehen. Einige Forscher nehmen an, dass Wombats durch ihre einzigartige Kacke ihr Revier optimal markieren können.

Wrestling für den guten Zweck

Wrestling ist eine populäre Schaukampf-Sportart, die in den USA, in Japan und Mexiko besonders beliebt ist. Der mexikanische Priester Sergio Gutiérrez Benítez fand einen außergewöhnlichen Weg, um ein Waisenhaus über 23 Jahre lang finanzieren zu können. Unter dem Künstlernamen „Fray Tormenta" stieg er regelmäßig in den Wrestling-Ring und erkämpfte das dringend benötigte Geld. Weltweit wurde er vor allem durch seine auffällige Maske bekannt. Er trägt diese sogar während seiner Predigten in der Kirche.

Haben langnasige Lügner kurze Beine?

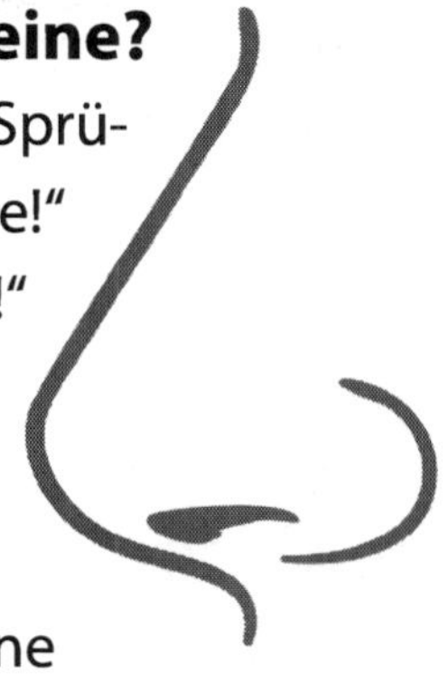

Viele von uns haben schonmal solche Sprüche gehört wie „Lügen haben kurze Beine!" oder „Wenn du lügst, wächst deine Nase!" Ist da was dran? Wenn Menschen kurze Beine haben, hat das nichts mit geäußerten Unwahrheiten zu tun. „Lügen haben kurze Beine!" bedeutet vielmehr, dass eine Lüge meist schnell auffliegt und somit nicht weit kommt. Aber wenn wir lügen, verändert sich unsere Nase. Wissenschaftler fanden heraus, dass die meisten Menschen beim Lügen Stress empfinden. Das wiederum führt zur stärkeren Durchblutung und die Nase vergrößert sich deswegen ein bisschen. Dieses Phänomen wird in der Fachsprache als „Pinocchio-Effekt" bezeichnet.

Die leckere Geschichte der Spaghetti-Bäume

Der britische Fernsehsender BBC erlaubte sich am 1. April 1957 einen besonderen Aprilscherz. Der Sender zeigte einen Bericht über seltene Bäume, an denen Spaghetti wachsen. Sofort nach der Veröffentlichung riefen hunderte von Zuschauern an. Sie fragten nach, wo man Spaghetti-Pflanzen kaufen und züchten kann. Ein Nudelbaum im Garten – der Traum von vielen Feinschmeckern, der leider nur ein traumhafter Aprilscherz war.

Kakapo – gut riechend und vom Aussterben bedroht

Hast du schonmal etwas vom Kakapo gehört? Ein Kakapo ist eine Papageienart, die in Neuseeland beheimatet ist. Der Name ist wirklich witzig und ein bisschen irreführend. Kakapos riechen nämlich ausgesprochen gut und sind deswegen vom Aussterben bedroht. Was hat der Geruch mit dem Artensterben zu tun? Durch den angenehmen Duft locken Kakapos Feinde an, die die Vögel zum Fressen gern haben.

Wenn die Schule dein Zuhause ist

Es gibt eine Stadt in Alaska namens Whittier, in der nahezu jeder der 217 Bewohner in einem einzigen Gebäude lebt. In der kleinen Gemeinde befindet sich ein großes Gebäude, welches gleichzeitig ein Wohnhaus, Krankenhaus, Supermarkt, eine Schule und Kirche beherbergt. Der Ort wird liebevoll „Stadt unter einem Dach" genannt.

Hungrige Krähen sind schlaue Krähen

In Japan haben Forscher eine interessante Entdeckung gemacht. Krähen erlernen sehr schnell neue Verhaltensmuster. Besonders dann, wenn es um die Nahrungsaufnahme geht, zeigen die kleinen Wesen äußerst intelligente Verhaltensweisen. Nüsse, die nicht mit dem Schnabel zu knacken sind, werden von Krähen häufig auf die Straße geworfen. Nun warten die gefiederten Schlauberger ab, bis ein Auto über die Nuss rollt. Ist das geschehen, fliegen die Krähen zur geöffneten Nuss und sammeln das Innere auf.

Wenn der Regenmacher zu viel Regen macht

Kalifornien ist ein Bundesstaat im Westen der USA. Im Jahre 1915 herrschte dort eine extreme Hitze, sodass die kalifornische Stadt San Diego besondere Lösungen suchte. Man engagierte einen Regenmacher und bot ihm als Lohn 10.000 Dollar an. Dafür sollte er den langersehnten Regen schnellstmöglich herbeirufen. Kurz nachdem die Vereinbarung getroffen wurde, regnete es mehrere Tage ununterbrochen. Das Wasser prasselte so stark vom Himmel, sodass zahlreiche Dämme zerstört wurden und Überflutungen für Unheil sorgten. Der Stadtrat bezahlte den Regenmacher nicht, denn nun waren die Probleme größer als vorher.

Lust auf Schwertkämpfe à la Star Wars?

Der französische Fechtverband hat das Lichtschwert-Fechten im Jahr 2019 als offizielle Wettkampfsportart anerkannt. Beim Fechten waren bisher nur Kämpfe mit Degen, Florett und Säbel möglich. Nun dürfen französische Fechtsportler auch Nachbauten von Lichtschwertern aus den berühmten Star Wars-Filmen nutzen. Der Fechtverband geht diesen neuen Weg, um mehr junge Menschen für den Fechtsport zu begeistern.

Wenn Weihnachtsbäume besonders duften

Einige Städte in den USA besprühen im Wald stehende Bäume mit Urin von Füchsen. Solange sich die Bäume draußen und in der winterlichen Kälte befinden, ist der Fuchsurin geruchsneutral. Sobald ein mit Urin besprühter Baum in einem warmen Raum steht, fängt er an, unangenehm zu riechen. Damit möchten die Städte verhindern, dass Baumdiebe im Wald wüten und illegal Weihnachtsbäume fällen.

Ein Vulkan, der es eilig hatte

Der Vulkan Paricutín in Mexiko ist 1943 in null Komma nichts und mit einem lauten „Plopp“ entstanden. Feldarbeiter berichteten davon, wie sich der Boden auf einmal mit einem dumpfen Geräusch veränderte. 24 Stunden später hatte der Vulkan bereits eine Höhe von 10 Metern. Am zweiten Tag wuchs Paricutín auf beachtliche 50 Meter und 12 Monate später erreichte dieser eine Höhe von 336 Metern. Mittlerweile ist der Vulkan mehr als 400 Meter hoch und spuckt fleißig Lava.

Liebe siegt – immer und überall

Rudern ist eine Sportart, die bei den Olympischen Spielen an den Start geht. Der Australier Bobby Pearce liebte das Rudern über alles und trainierte fleißig, um das olympische Siegertreppchen zu erklimmen. 1928 gewann er die Goldmedaille, obwohl er während des Rennens eine kurze Pause einlegte, um eine Entenfamilie sicher vorbeiziehen zu lassen. Liebe ist eben die stärkste und schönste Kraft der Welt.

Das größte Landsäugetier aller Zeiten

Indricotherium sah vor mehr als 20 Millionen Jahren aus wie ein Riesennashorn und hatte keinerlei Feinde. Das größte auf dem Land lebende Säugetier aller Zeiten konnte fast 9 Meter groß werden. Zudem war es mit bis zu 20 Tonnen ziemlich schwer. Die Giganten waren fast 3 Meter größer als Giraffen und brachten ein Gewicht auf die Waage, das dreimal so schwer wie das eines Elefanten war. Diese imposanten Tiere leben heute nicht mehr, denn nicht die stärksten und größten Lebewesen setzen sich durch, sondern die anpassungsfähigsten.

Prinz bleibt Prinz

Es gibt einige Regeln im britischen Königshaus, die unumgänglich sind. Ein Gesetz besagt, dass Frauen auch dann Königin werden können, wenn sie in die königliche Familie einheiraten. Das gilt aber nicht für Männer, denn diese erhalten bei Einheirat lediglich den Prinzen-Titel. Deshalb war der Ehegatte von Queen Elizabeth Prinz des Vereinigten Königreichs und nicht König.

Schnelle Geparden müssen chillen

Geparden sind unglaublich schnell unterwegs – schneller als alle anderen auf dem Land lebenden Säugetiere. Die Raubkatze kann auf kurzer Strecke Geschwindigkeiten von ungefähr 120 Kilometern pro Stunde erreichen. Diese meisterhafte Leistung kostet eine Menge Energie, sodass die flotten Tiere nach dem Erlegen der Beute mindestens eine 20-minütige Pause einlegen. Vor dem Fressen brauchen Geparden somit Zeit zum Chillen. Dabei kommt es immer wieder vor, dass die Beute von anderen Raubtieren verspeist wird.

Was nicht passt, wird passend gemacht

Der Mount Everest gilt als höchster Berg der Welt. Als die Höhe im 19. Jahrhundert das erste Mal berechnet wurde, ermittelten die Wissenschaftler eine Gesamthöhe von genau 29.000 Fuß (=8.839 Meter). Man veröffentlichte jedoch eine Höhe von 29.002 Fuß, denn die Forscher befürchteten, dass die glatte Zahl von 29.000 als Lüge interpretiert werden könnte. Somit gaben die Experten eine falsche Angabe heraus, welche nun tatsächlich gelogen oder zumindest nicht genau war.

Vögel – Herrscher der Welt

Die direkten Nachfahren der Dinosaurier waren die flugunfähigen Terrorvögel. Die riesigen Vögel beherrschten vor 49 Millionen Jahren unseren Planeten. Das war die einzige Zeit, in der Vögel an der Spitze der Nahrungskette waren. Die gefiederten Herrscher erreichten eine Größe von bis zu 3 Metern und wurden mehr als 300 Kilogramm schwer. Der messerscharfe Schnabel war die beste Waffe und ein ideales Werkzeug, um lange Zeit als König der Erde zu leben.

Mit einem Klick alles gelöscht

„Toy Story" ist ein computeranimierter Trickfilm, der sehr erfolgreich war und viele Kinderherzen glücklich machte. Im Jahr 1999 wurde „Toy Story 2" produziert, was fast in einem Desaster endete. Während der Produktionsarbeiten löschte ein Mitarbeiter versehentlich den kompletten Film. Alles war weg, die ganze Arbeit umsonst! Glücklicherweise gab es eine Mitarbeiterin, die eine Filmkopie auf ihrem privaten Computer gespeichert hatte. Eigentlich war das nicht erlaubt. So konnte die Produktion trotz des Missgeschicks weitergehen. Auch dieser Film war sehr erfolgreich und brachte viele Kinderaugen zum Leuchten.

Die größte Säugetierwanderung der Welt

Die größte Wanderung von Säugetieren findet nicht auf dem Land, sondern in der Luft statt. Jedes Jahr fliegen mehr als 10 Millionen Flughunde zwischen dem Kasanka-Nationalpark in Sambia und der Demokratischen Republik Kongo hin und her. Die katzengroßen Tiere lieben es, Mangos zu fressen. Flughunde brauchen eine Menge Energie und viele Mangos, um den Weg zurücklegen zu können.

Der kochende Fluss

Tief verborgen im peruanischen Amazonasgebiet gibt es einen geheimnisvollen Fluss namens Shanay-timpishka, der kochende Temperaturen erreichen kann. Lange hielt man diesen magischen Fluss für eine Legende, aber heute gibt es wissenschaftliche Beweise für die Besonderheit. Eigentlich kocht das Wasser nicht richtig, denn die Temperatur bewegt sich leicht unter dem Siedepunkt bei circa 86 Grad. Dennoch ist der Fluss heiß genug, um den mysteriösen Regenwald in ein dampfendes Paradies zu verzaubern.

Das erste Deo für Männer

1935 kam des erste Deodorant für Männer auf den Markt. Damen konnten sich schon viele Jahrzehnte vorher mit wohlriechenden Düften besprühen. Für Männer war es zu Beginn des 20. Jahrhunderts völlig normal, streng zu riechen. Das galt damals als männlich, sodass es eben lange Zeit keinen Bedarf für Männer-Deodorants gab.

Eine musikalisch nervige Spendenaktion

2011 startete eine amerikanische Schule in Chicago eine besonders eindringliche Spendenaktion. In der Pausenzeit dröhnte unentwegt das Lied „Baby“ von Justin Bieber durch die Lautsprecher. Wer den Song nicht mehr hören wollte, musste einen bestimmten Betrag spenden. Erst dann erklang ein anderes Lied. So kam eine Menge Geld zusammen.

Llanfairpwllgwyngyllgogerychwyrndrobwllllantysiliogogogoch

Was ist denn hier los? Buchstabenunfall? Sind Hühner über die Tastatur gelaufen? Nein, das Wort hat eine Bedeutung! Das ist die Stadt mit dem längsten Namen der Welt. Der Ort liegt in Wales (Großbritannien). Jetzt kannst du versuchen, das Wort auszusprechen. Hast du dabei einen Knoten in der Zunge bekommen?
Übersetzt heißt der Name „Marienkirche (Llanfair) in einer Mulde (pwll) weißer Haseln (gwyn gyll) in der Nähe (goger) des schnellen Wirbels (y chwyrn drobwll) und der Tysiliokirche (llantysilio) bei der roten Höhle (gogo goch)“.

Nuss-Nougatcreme – der (fast) ideale Sonnenschutz

Wenn die Sonne scheint, lacht unser Herz. Die meisten Menschen genießen es, warme Sonnenstrahlen einzufangen – am liebsten am Meer. Ihr seid im Urlaub und deine Eltern haben die Sonnencreme vergessen? Kein Problem, denn die beliebte Nuss-Nougatcreme habt ihr bestimmt dabei! Den leckeren Schmierkram könnt ihr einfach großflächig auf die Haut auftragen und schon prallen die UV-Strahlen für eine gewisse Zeit ab. Immerhin hat die süße Creme einen Sonnenschutzfaktor von 9,7. Deine Eltern finden die Idee nicht so toll? Das ist verständlich, denn die Haut wird zwar eine gewisse Zeit vor Sonnenstrahlen geschützt, aber Wespen und andere Insekten landen jetzt liebend gerne auf deinem Körper. Also dann doch lieber die richtige Sonnencreme auftragen.

Einhorn-Power in Schottland

Das schottische Nationaltier ist das Einhorn, das als Schildhalter im Wappen des Vereinigten Königreichs steht. Das Bild entstand bereits im Mittelalter und ist bis heute geblieben. Im Mittelalter glaubten viele Menschen an die Existenz des magischen Fabeltiers. Zahlreiche Händler verkauften damals das Horn des Narwals unter falschem Namen. So blieb der Glaube an Einhörnern lange bestehen. Einige Kleinstädte in Deutschland, Tschechien, Ungarn, Österreich und der Ukraine haben auch das Einhorn im Wappen.

Ohren und Nasen hören nicht auf zu wachsen

Ohren sind wahre Wachstumshelden, denn sie werden jährlich 0,22 Millimeter größer! Demnach hast du im Alter von 80 Jahren Ohren, die ungefähr 2 Zentimeter größer sind als jetzt. Forschungsergebnisse haben gezeigt, dass die Nase im hohen Alter fast 1 Zentimeter länger ist als im Alter von 30 Jahren. Dein Opa hat demnach keine lange Nase vom Lügen, denn sie wächst von ganz allein.

Ist das ätzend!

In einem Laborversuch wurde getestet, wie stark die menschliche Magensäure wirken kann. Dafür legten Forscher Rasierklingen in die Säure. Nach einiger Zeit veränderte sich das Metall, bis es sich schließlich vollständig auflöste. Wenn Magensäure mit unserer äußeren Haut in Kontakt kommen würde, käme es zu Verbrennungen. Deshalb hat die Natur es so eingerichtet, dass unser Magen mit viel Schleim ausgestattet ist und die Zellen der Magenwand sich ständig erneuern. Das wirkt wie ein Schutzfilm, sodass unser Magen hervorragend mit der Magensäure zurechtkommt. Der Magensaft hat eine wichtige Funktion, denn er zersetzt die Nahrung und tötet Bakterien ab.

Wir schrumpfen am Tag mehrere Zentimeter

Wenn wir am Morgen aus dem Bett steigen, sind wir circa 3 Zentimeter größer als am Vorabend. Wie kann das sein? Wachsen wir so schnell? Du wächst in manchen Entwicklungsphasen wirklich schnell, aber oft ist der Grund dafür ein anderer. Am Morgen sind unsere Zwischenwirbelscheiben im Rücken gut mit Wasser gefüllt. Tagsüber befindet sich unser Körper meist in einer aufrechten Position, sodass diese Flüssigkeit verloren geht. Die Wirbelsäule zieht sich ein wenig zusammen. In der Nacht arbeitet unser Körper auf Hochtouren und regeneriert. Deshalb sind die Wirbelscheiben morgens wieder mit mehr Flüssigkeit versorgt und unsere Körpergröße verändert sich um ein paar Zentimeter.

Elefanten können Temperaturen mit ihren Ohren steuern

Die sanften Dickhäuter haben recht große Ohren. Man könnte meinen, dass die imposanten Lauscher frische Luft sehr gut umherwirbeln könnten. Dennoch kühlen die riesigen Tiere nicht ihre Umgebung ab, sondern sie regulieren mit den Ohren die eigene Körpertemperatur. Durch die immense Kör-

pergröße produzieren Elefanten eine Menge Energie und Wärme. Glücklicherweise entweicht viel Hitze durch die Venen der labberigen Ohren. So ist ein Elefant mit seinen gigantchen Ohren in der Lage, mehr als 9 Grad Celsius abzugeben.

Der schönste Heiratsantrag der Welt

Männliche Eselspinguine wissen, wie sie die Dame des Herzens für sich gewinnen. Die Pinguinmännchen machen sich auf die Suche nach dem schimmerndsten und geschmeidigsten Kieselstein. Das kostet etwas Zeit, denn es soll ein besonders schöner Stein sein. Ist dieser gefunden, übergibt der Pinguin seinen Stein an die Pinguindame. Wenn sie das Geschenk daraufhin in ihrem Nest platziert, freut sich der Pinguinmann. Von nun an gehen die beiden Seite an Seite durchs Leben.

Honig verdirbt nie

Falls du Mal ein uraltes Glas Honig vor dir stehen hast, kannst du diesen ohne Bedenken schlemmen. Honig ist das einzige Nahrungsmittel, das niemals schlecht wird. So könnten wir durchaus Honig essen, der mehrere tausend Jahre alt ist. Auf den Etiketten der Honiggläser steht dennoch ein Mindesthaltbarkeitsdatum, weil deutsche Gesetze dies so vorschreiben.

Gold – wenn wir alles finden würden

Wenn es eine Möglichkeit gäbe, alle Goldvorräte aus der Erde zu holen, könnte man damit alle Länder der Welt mit einer kniehohen Goldschicht bedecken. Das wäre ein goldiger Moment in der Menschheitsgeschichte, bleibt aber weiterhin pure Fantasie.

Witzige Gesetze

Häufig sind Gesetze und Regeln Überbleibsel aus alten Zeiten. Damals haben diese vielleicht Sinn ergeben und waren notwendig, aber heute erscheinen einige Gesetze nutzlos oder lustig. Jetzt erfährst du kuriose und verrückte Gesetze aus aller Welt.

Deutschland – vom Sandburgverbot bis Bienenjagd

In Deutschland haben wir den einen oder anderen Unsinn in Gesetzbüchern stehen. Hier einige Beispiele, über die wir uns kopfschüttelnd wundern oder auch herzlich lachen können.

Sandburgenbau ist strafbar

Zumindest gilt die Regel an einigen Stränden der Ost- und Nordsee – zum Beispiel auf Sylt und in Kiel. Eure Eltern machen sich strafbar und müssen dafür haften, wenn ihr voller Freude die schönste Sandburg eures Lebens baut. Das kann auch die teuerste Sandburg eures Lebens werden, denn es können Strafzahlungen anstehen.

Brückenmarsch verboten

Wir dürfen nicht im Gleichschritt über eine Brücke laufen. In der Straßenverkehrsordnung steht geschrieben, dass dies tunlichst zu unterlassen ist. Dieses Verbot hat seinen Ursprung in Zeiten des Krieges und sollte kleine Brücken vor dem Einsturz bewahren. Ein recht altes Gesetz, welches noch immer gilt, auch wenn die Brücken der heutigen Zeit sehr stabil sind.

Wo sind meine Bienen?

Falls deine Familie einen Bienenstock besitzt, solltet ihr immer schön auf die kleinen Sumsis aufpassen. Sobald die fleißigen Insekten auf die Idee kommen, umzuziehen, muss der Besitzer des Bienenschwarms diese unverzüglich verfolgen. Entwischt der Schwarm, darf der Imker sogar fremde Grundstücke betreten, ohne sich wegen Hausfriedensbruch strafbar zu machen. Wir dürfen eigentlich nicht einfach so fremden Boden betreten, aber bei der Verfolgungsjagd nach dem Bienenschwarm ist das erlaubt. Die große Bienenfamilie wird sofort herrenlos, wenn der Besitzer nicht die Verfolgung aufnimmt.

Willkommen im Land der unbegrenzten Absurditäten

Deutsche Gesetze können sehr merkwürdig sein, aber viele US-amerikanische Gesetz überbieten das um Längen! In kaum einem anderen Gebiet unseres Planeten finden wir so viele fragwürdige Gesetzlichkeiten wie in den USA. Hier findest du eine kuriose Auswahl.

Warum Ehemänner fast immer Schuld haben

Meine Schuld ist deine Schuld – dieses Motto gilt im Bundesstaat Utah. Ehemänner sind für das Verbrechen ihrer Partnerin verantwortlich, wenn sie bei der Straftat anwesend waren.

Bären wecken verboten

Die meisten Menschen sind froh, wenn sie in der Natur auf Bären treffen, die friedlich schlummern. Dennoch scheint es einige risikofreudige Menschen zu geben, die einen schlafenden Bären für ein gemeinsames Foto wecken! Der Bär dürfte aber wenig beeindruckt davon sein, der Star auf dem Selfie zu sein. Ein Gesetz besagt, dass diese Handlung streng verboten ist.

Schlafende Frauen sollen schlafen

Ein Kuss sagt mehr als tausend Worte, denn ein Küsschen gilt als Zeichen der Verbundenheit und Liebe. Dennoch gibt es in Colorado gesetzliche Einschränkungen. Männern ist es untersagt, ihre schlafenden Frauen mit einem Kuss zu stören. Ob es tatsächlich Ehefrauen gibt, die ihre Männer verklagen, weil sie mit einem liebevollen Kuss geweckt wurden?

Am Sonntag gibt's kein Domino

In Alabama bestehen gesetzliche Einschränkungen, wann man Domino spielen darf. Montags bis samstags dürfen sich alle rund um die Uhr an diesem Spiel erfreuen. Am Sonntag müssen andere Spiele auf den Tisch, denn an diesem Wochentag dürfen die Dominosteine nicht zum Einsatz kommen.

Knoblauch gegessen? Kinobesuch und Busfahrt nicht erlaubt!

Viele Menschen lieben den Geschmack von würzigem Knoblauch. Wer in Gary (Indiana) Knoblauchspeisen verzehrt, muss innerhalb der nächsten 4 Stunden auf einen

Kino- oder Theaterbesuch verzichten. Auch die Nutzung von öffentlichen Verkehrsmitteln ist mit Knobi-Fahne untersagt.

Achtung, Frau am Steuer!

Das ist ein ziemlich seltsames Gesetz, bei dem die Frage aufkommt, warum es noch besteht. In Memphis darf eine Frau nur dann ein Auto fahren, wenn ein Mann vor dem Wagen herläuft! Zusätzlich muss der Mann eine rote Fahne schwenken, um andere Verkehrsteilnehmer zu warnen. Männer dürften ganz schön ins Schwitzen kommen, wenn es Frauen eilig haben und aufs Gas treten. Stell dir vor, in deiner Stadt würden ganz viele Menschen mit roten Fahnen auf den Straßen umherlaufen. Eine echt schräge Vorstellung, aber auch lustig.

Geld nicht ins Ohr stopfen

Münzen gehören in die Geldbörse und nicht ins Ohr. Diese Tatsache war dem Bundesstaat Hawaii wohl sehr wichtig, sodass dies als Gesetz aufgenommen wurde. Wer sich in Hawaii eine Penny-Münze ins Ohr steckt, muss mit einer Geldstrafe rechnen. Ob der Strafbetrag von den Münzen im Ohr gezahlt werden kann?

Straßenverbot für Badeanzugträgerinnen

Frauen dürfen in Kentucky nicht im Badeanzug auf die Straße. Dennoch gibt es 2 interessante Möglichkeiten, wie man dieses Verbot umgehen kann: Entweder die Dame führt eine Waffe mit sich oder wiegt weniger als 42 Kilogramm. Auch Frauen, die mehr als 92 Kilogramm auf die Waage bringen, dürfen mit Badeanzug auf den Straßen umherflanieren.

Keine Wassermelone für Piloten und Vorfahrt für Vögel

Während des Fluges müssen Piloten in Leadwood (Missouri) auf Wassermelonen verzichten. In Utah dürfen Autofahrer Melonen essen, müssen aber immer darauf achten, wenn Vögel den Highway passieren. Die gefiederten Tiere haben dort zu jeder Zeit Vorfahrt.

England – kein Kopfstand für die Queen

Das Land bringen viele Menschen mit dem britischen Königshaus in Verbindung. Natürlich bestehen auch in England amüsante Gesetze. Doch lies selbst!

Schoki-Verbot in Bus und Bahn

Frauen machen sich strafbar, wenn sie in öffentlichen Verkehrsmitteln Schokolade essen. Auf der einen Seite ist das ein verständliches Gesetz, denn Schoki kann ganz schön schmierig sein und die Sitze beschmutzen. Doch wieso gilt das nur für Frauen? Schmilzt oder krümelt Schoki in Männerhänden nicht? Wieder ein ziemlich fragwürdiges Gesetz...

Wenn die Queen Kopf steht

Beim Aufkleben einer Briefmarke, auf der die Königin abgebildet ist, müssen Engländer diese Vorgabe einhalten: Die Briefmarke darf unter keinen Umständen kopfüber angebracht werden! Wer die Marke falsch platziert, kann sich des Landesverrats schuldig machen.

Australien – von Tierliebe bis Elektroprofi

Das Land achtet auf das Wohl der Pferde und verlässt sich auf Spezialisten beim Glühbirnenwechsel.

Ein Königreich für ein Pferd

Wer dieses spannende Land auf dem Rücken eines Pferdes erkun det, muss sich um die Versorgung d Vierbeiners keine Sorgen machen. Gastwirte sind verpflichtet, die Pferde der Gäste mit Wasser und Futter zu verpflegen. So sind Reiter und Pferde bestens umsorgt und können gestärkt weiterziehen.

Lieber den Experten ranlassen

Im Bundesstaat Victoria darf man die Glühbirnen einer Lampe nicht eigenständig wechseln. Nur staatlich geprüfte Elektriker besitzen die Erlaubnis, diese (eigentlich einfache) Arbeit zu verrichten. Somit haben die Fachleute eine Menge Arbeit, denn Glühbirnen fallen recht oft aus. Wer auf den Experten verzichtet und selbst ans Werk geht, muss bei einem Elektroschaden vollständig haften und saftige Geldstrafen zahlen.

Frankreich – vom Schwein, das nicht küssen darf

Paris wird als Stadt der Liebe bezeichnet, aber nicht überall dürfen Liebende Küsschen austauschen. Zudem muss man in Frankreich aufpassen, welchen Namen das Schwein bekommt.

Küssen verboten

Gemäß einer gesetzlichen Regelung aus dem Jahr 1910 ist es Paaren untersagt, im Zug zu küssen. Das Kuss-Verbot steht zwar noch im Gesetz, aber kaum jemand hält sich daran. Zu Strafzahlungen kommt es selten, denn die Liebe ist das stärkste und schönste Gefühl der Welt!

Kein Schwein namens Napoleon

Ein französisches Gesetz verbietet es, einem Schwein den Namen Napoleon zu geben. Das wird in Frankreich als Beleidigung des berühmten Feldherren Napoleon Bonaparte empfunden. Schweine haben keinen guten Ruf, denn diese Tiere gelten fälschlicherweise als dumm und unsauber. Dabei ist genau das Gegenteil der Fall! Schweine sind reinliche Tiere und Wissenschaftler haben schon längst nachgewiesen, dass die grunzenden Wesen mindestens genauso intelligent sind wie Hunde.

Andere Länder, andere Sitten

Jedes Land ist geprägt durch seine eigene Kultur sowie durch Bräuche und Sitten. So manch ein Urlauber erleidet einen Kulturschock, da die Unterschiede in Traditionen und Verhaltensweisen zwischen den Ländern zum Teil sehr groß sind. Aber genau das macht andere Kulturen so interessant. Die faszinierendsten Gewohnheiten haben wir für dich hier zusammengefasst.

Russland – lange Trinksprüche und bunte Blumen

Die meisten Menschen freuen sich über einen bunten Blumenstrauß. In Russland und zum Teil sogar bei uns, muss man darauf achten, einen Strauß mit einer ungeraden Anzahl an Blumen zu verschenken. Warum ist das so? Ein Blumengebinde, welches aus einer geraden Anzahl an Blumen besteht, wird mit Trauer in Verbindung gebracht. Sträuße mit einer geraden Blumenanzahl werden nur zu Beerdigungen verschenkt. Auch bei der Farbwahl ist Vorsicht geboten. Blumen in Gelb stehen in Russland für Themen wie Eifersucht und Untreue. Deshalb sollten gelbe Blümchen lieber nicht in den Strauß gelangen. Wenn man an einer russischen Feier teilnimmt, gehören lange Trinksprüche zum guten Ton. Bevor angestoßen und getrunken wird, halten Einheimische oft lange Reden.

Japan – von Toilettenschuhen und Verbeugungen

Eine der bedeutendsten Bräuche ist das Begrüßungsritual. Gäste sollten sich bei der Begrüßung genauso verbeugen wie der Gastgeber. Japaner empfinden es als demütigend, wenn die Verbeugung des Gastes anders beziehungsweise nicht tief genug stattfindet. Sobald der Gast das Haus betritt, sollten die Straßenschuhe ausgezogen werden. Viele Japaner besitzen ein extra Paar Hausschuhe nur für das Betreten des Bades. Das Badezimmer zählt zu den „unreinen" Orten im Haus. Deshalb werden die Hausschuhe vor dem Toilettengang stets gewechselt.

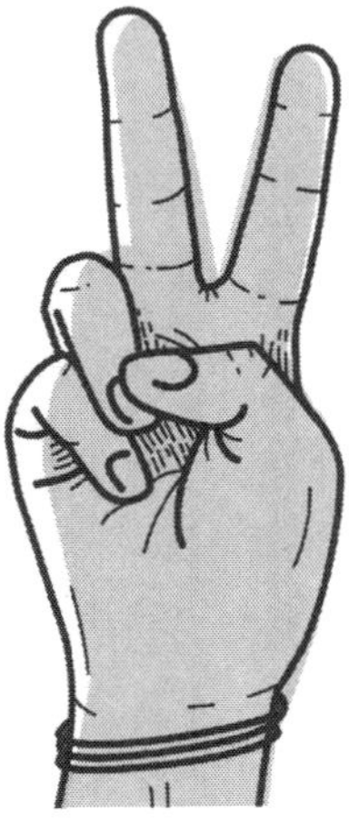

Doppeldeutiges Handzeichen – unangenehme Folgen

Zeigen wir das sogenannte Victory-Zeichen, so kann das je nach Land sehr unterschiedliche Bedeutungen haben. Das Victory-Zeichen ist eine Geste, bei der der

Mittel- und Zeigefinger zu einem „V" ausgestreckt werden, während der kleine Finger und der Ringfinger eingezogen bleiben. In vielen Ländern wird die Geste als Siegerzeichen benutzt. Dann steht es für ein friedvolles und respektvolles Miteinander. Allerdings wird das Zeichen in manchen Ländern zum Beleidigen gezeigt. In Australien bedeutet die Handgeste alles andere als Frieden, denn das „V"-Zeichen sagt dann soviel wie „Du kannst mich Mal!" oder „Doppelstinkefinger!".

Namibia – wenn es regnet, wird getanzt

Sobald das Wetter in Deutschland ungemütlich ist, ziehen wir uns gerne in unsere Häuser zurück. In Namibia ist das keine Option, denn dort wird kräftig das Tanzbein geschwungen, wenn der Regen vom Himmel prasselt. Alle stürmen nach draußen und erfreuen sich am kühlen Nass. Das Wasser bringt schließlich Wachstum und Fruchtbarkeit mit sich. Alle Familienmitglieder feiern den Regen gebührend. Vielleicht möchtest du das beim nächsten Regenfall nachmachen? Das, was in Namibia Freude macht, funktioniert doch auch vor unserer Haustür.

Ja, Nein oder Jein?

Was denn nun? Wenn du andere Länder bereist, kann es große Unterschiede bei der Deutung von „Ja“ und „Nein“ geben. In vielen Ländern nickt man mit dem Kopf, um „Ja“ auszudrücken. In Bulgarien bedeutet ein Nicken eine Verneinung und mit einem Kopfschütteln bejaht man etwas. So ist es nicht verwunderlich, dass es zwischen Einheimischen und Urlaubern schnell zu Missverständnissen kommt. Ähnlich verhält es sich in Pakistan und Indien. Einwohner wiegen ihren Kopf hin und her, um ihre Zustimmung zu geben. In Äthiopien werfen Einheimische den Kopf zurück, wenn sie „Ja“ ausdrücken möchten. Im arabischen Raum sowie in Griechenland bedeutet genau diese Kopfbewegung wiederum „Nein“. Japaner verneinen etwas, indem sie mit der Hand wie ein Scheibenwischer vor dem Gesicht herumwedeln.

Frankreich – Küsschen links, Küsschen rechts

Warst du schonmal in Frankreich? Dann ist dir vielleicht aufgefallen, dass viele Franzosen ein besonderes Begrüßungsritual haben. Meist begrüßen sich Einheimische mit zwei Küssen auf die Wange. Dabei kommt der erste Knutscher auf die rechte Wangenseite. Im Osten Frankreichs und in der Provence küssen Franzosen lieber links zuerst. Dann

gibt es französische Regionen, in denen nur ein einziger Wangenkuss ausgetauscht wird. Besonders enge Freunde und junge Männer lieben es, Wangenküsse zur Begrüßung zu vergeben.

England – Auf zum spektakulären Käserollen!

Im Südwesten Englands scheint die Liebe zum Käse ganz groß zu sein. Zum sogenannten „Cheese Rolling" rollen Käseräder mit einer Geschwindigkeit von mehr als 100 Kilometern pro Stunde einen Berg hinunter. Die verrückte

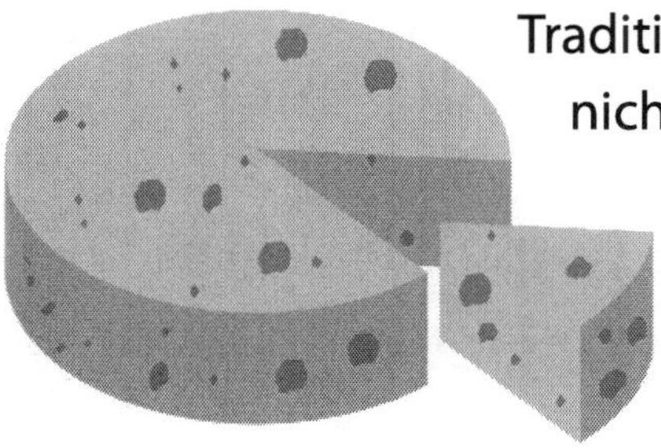

Tradition ist lustig anzuschauen, da nicht nur der Käse hinunterkullert, sondern weil die Engländer hinterherhechten. Diese Veranstaltung lockt jährlich tausende Touristen in den Ort Gloucestershire. Nicht nur Einheimische gehen mit ihrem Käse an den Start – auch Besucher dürfen fleißig rollen und rennen.

Spanien – wenn Tomaten durch die Straßen fliegen

Bei der Tomatenschlacht „Tomatina" in Spanien bewerfen sich die Bewohner mit überreifen Tomaten. Im ostspanischen Ort Buñol bei Valencia besuchen jedes Jahr 40.000 Einheimische sowie Touristen das außergewöhnlich matschige Event. Dabei fliegen an einem Tag ungefähr 1.000 Kilo Tomaten kreuz und quer durch die Straßen des Ortes. Bereits seit 1940 treffen sich jedes Jahr viele Menschen zur Tomatenschlacht. Und wer sorgt danach für saubere Straßen? Die Teilnehmer helfen am nächsten Tag beim Aufräumen, denn niemand möchte, dass die Stadt nach gammeligen Tomaten riecht.

China – Berufswunsch: Ohrenputzer

Hast du schon einen Berufswunsch? Wie wäre es mit Ohrenputzer? Diese Tätigkeit gibt es in China. Hierzulande säubern wir unsere Ohren diskret im Bad. Die meisten Menschen mögen es nicht, wenn jemand beim Entfernen des Ohrenschmalzes zusieht. Chinesen gehen mit dem Thema locker um, denn dort arbeiten professionelle Ohrenputzer in der Öffentlichkeit. In der Fußgängerzone oder auf großen Plätzen bieten sie ihre Dienstleistung an und reinigen Ohren direkt vor Ort. Eklig findet das dort niemand, denn diese Art der Körperpflege ist in China völlig normal. Nach dem Herausholen des Ohrenschmalz bekommen viele Kunden zum krönenden Abschluss eine entspannende Ohrläppchenmassage.

Coole & lustige Rekorde

Seit 1955 werden jährlich unglaubliche Rekorde in verschiedenen Bereichen im „Guiness-Buch der Rekorde" veröffentlicht. Jetzt folgen die coolsten und lustigsten Rekorde, die auf unserem Planeten aufgestellt wurden.

Rekord im Bierkrugtragen

2017 brach Oliver Strümpfel seinen eigenen Weltrekord, indem er 29 Bierkrüge auf einer Strecke von 40 Metern trug. Dabei musste er darauf achten, höchstens 10 Prozent des Inhalts zu verschütten. Die prallgefüllten Maßkrüge hatten ein Gesamtgewicht von ungefähr 70 Kilogramm. Bei den Frauen holte Anita Schwarz den Weltrekord. Sie schaffte es, 19 Bierkrüge zu schleppen.

Die größten Menschen

Robert Pershing Wadlow lebte von 1918 bis 1940 und war nachweislich der bisher größte Mensch der Welt. Der Mann erreichte eine Körpergröße von 2,72 Meter. Sultan Kösen hält den aktuellen Rekord als größter noch lebender Mensch auf Erden. Er misst 2,51 Meter und trägt Schuhgröße 62.

Die größte Fellnase

Die Deutsche Dogge Freddy ist der größte Hund der Welt und lebt in England. Er hat eine Größe von beachtlichen 2,30 Metern, wenn er sich auf seine Hinterbeine stellt. Somit ist er deutlich größer als seine Besitzerin. Die Britin gibt pro Jahr circa 15.000 Euro für Freddy und seine Schwester aus, denn die riesigen Vierbeiner brauchen reichlich Futter.

Weltrekord im Zertrümmern von Kokosnüssen

Kaum zu glauben: Der Kampfsportler Muhamed Kahrimanovic aus Hamburg hat 2017 innerhalb von 60 Sekunden 123 Kokosnüsse zerschlagen. Dafür benutzte er lediglich seine Hände! Danach brauchten seine Hände gewiss eine große Erholungspause.

Rein ins Auto!

Wie viele Personen passen in einen Mini? Das fragten sich einige Frauen und testeten dies aus. 2012 quetschten sich 28 Frauen eines Sportvereins in einen Mini Cooper. Damit holten sich die Damen den Welt-

rekord. Die Sportlerinnen waren sicher froh, nach der beengten Körperhaltung wieder gut durchatmen zu können.

Wenn das Ohrhaar im Auge kitzelt

Radha Kant Bajpai aus Indien hält einen besonders haarigen Rekord: Er trägt das längste Ohrhaar weltweit. Mit 27,9 Zentimetern sprießen ihm gewaltige Haarbüschel aus den Ohren. Darauf ist er sehr stolz, sodass er seinen Ohrhaaren viel Zeit widmet und die Büschel sorgfältig pflegt.

Gigantisches Gemüse und Obst

Der schwerste und größte Apfel der Welt wuchs in Japan und brachte 1,8 Kilogramm auf die Waage. Mit 5,3 Kilogramm Gewicht und einer Länge von 35 Zentimetern holte eine israelische Zitrone den Weltrekordtitel. Bei den Gemüserekorden wird es noch riesiger. Man könnte aus der Rekordzwiebel einen imposanten Zwiebelkuchen backen, denn die 8,15 Kilogramm schwere Zwiebel macht sicher viele Menschen satt. Nun kommen wir zum Rekord, der alles toppt: Ganze 1,2 Tonnen wog 2016 ein Kürbis in Ludwigsburg!

Hüften schwingen für Profis

Kannst du einen Hula-Hoop-Reifen ein paar Mal um deine Hüfte drehen? Mit ein bisschen Übung gelingt das, denn wer einmal das Gefühl kennt, verlernt es auch nicht wieder. Am meisten Spaß macht Hula-Hoop, wenn rhythmisch passende Musik dazu läuft. Marawa Ibrahim ist 8-fache Hula-Hoop-Weltmeisterin und schaffte es 2015, sage und schreibe 200 Hula-Hoop-Reifen gleichzeitig um ihren Körper zu schwingen.

Wenn ein Basketball in die Tiefe stürzt

Bei diesem Ballrekord geht es nicht darum, wie oft jemand hintereinander Körbe versenkt hat, sondern aus welcher Höhe der Basketball sein Ziel erreicht. Der Australier Derek Herron reiste in die Schweiz, suchte einen Stausee auf und warf den Ball aus 180 Metern in die Tiefe Richtung Korb. Bereits nach dem dritten Versuch konnte er aufhören, denn er traf den Korb nach 2 Fehlversuchen.

Bauchklatscher im Swimming Pool

Darren Taylor ist ein ziemlich risikofreudiger Showtaucher aus den USA. Er hält den Weltrekord im Bauchklatscher-Springen, indem er aus 11,5 Metern Höhe in einen 30 Zentimeter tiefen Pool sprang. Das ist wirklich nicht zum Nachmachen geeignet, denn das kann ganz schön danebengehen.

Dauerknutscher auf Weltrekordniveau

Küssen bis zum Umfallen! Was für ein schöner Rekord. Die Thailänder Laksana und Ekkachai Tiranarat tauschten fast 59 Stunden lang liebevolle Küsse aus. Was sich so romantisch anhört, war eher eine sportliche Spitzenleistung. Länger als 2 Tage knutschte das Paar unentwegt. Dabei mussten sie stehen und auf Pausen verzichten. Danach brauchten die beiden erstmal eine Knutsch-Auszeit und viel Schlaf.

Mal kurz den Atem anhalten

Wir müssen unseren Körper regelmäßig mit Sauerstoff versorgen. Bleibt das Atmen minutenlang aus, wird es meist brenzlig und der Körper gerät in Not. Das weiß auch der Freitauchweltmeister Aleix Segura, der gerne seine körperlichen Grenzen austestet. Dennoch stellte er den Weltrekord im Zeittauchen auf, indem er einmal kräftig Luft holte und 24 Minuten unter Wasser blieb. Natürlich hatte er vorher ausdauernd trainiert und vor dem Tauchgang puren Sauerstoff inhaliert. Doch auch ohne Sauerstoffinhalation liegt der Weltrekord bei knapp 12 Minuten. Das ist immer noch enorm, denn untrainierte Menschen kommen bereits nach 5 Minuten ohne Atmung in Lebensgefahr.

Die engste Straße der Welt

Diese Rekordstraße liegt sogar in Deutschland, denn mit 31 Zentimetern Breite ist die Spreuerhofstraße in Reutlingen offiziell die engste Straße weltweit. Zahlreiche Touristen bestaunen die winzig schmale Straße, die auch nur 50 Meter lang ist. Sie befindet sich zwischen 3 aneinandergebauten Häusern und lädt aufgrund der geringen Breite eher nicht zum gemütlichen Spaziergang ein.

Ekliges

Du bist gerade am Essen? Dann leg eine Pause ein, denn jetzt folgen echt eklige Fakten. Das sind Ekel-Dinge, die man eigentlich nicht wissen will, aber richtig spannend sind. Viel Spaß beim Lesen!

Der typische Schwimmbadgeruch entsteht nicht durch Chlor

Jeder kennt den Geruch, der sich im Schwimmbad breitmacht. Viele glauben zu wissen, dass unsere Nase dann Chlor wahrnimmt. Das ist nicht richtig, denn Chlor ist geruchlos. Erst in Verbindung mit Harnstoff entsteht der typische Schwimmbadgeruch. Und im Urin befindet sich eine Menge Harnstoff. Das bedeutet aber nicht, dass jeder Badegast ein Wasserpinkler ist. Auch über die Haut verlieren wir Harnstoff. Je stärker der Duft im Bad, umso mehr Harnstoff befindet sich im Chlorwasser.

Am Smartphone fühlen sich Fäkal-Bakterien pudelwohl

Smartphones sind heutzutage nicht mehr wegzudenken. Die mobilen Geräte sind überall dabei und oft im Einsatz. Doch wie häufig reinigen wir die digitalen Helfer? Die meisten Smartphone-Nutzer machen sich darüber keine

Gedanken. Aber nach diesem Fakt putzt du dein Gerät bestimmt öfter. In einer Londoner Studie wurde herausgefunden, dass jedes 6. Smartphone E.coli-Bakterien an sich hat. Der Grund ist eindeutig: Die Handy-Nutzer haben nach dem Toilettengang auf das Händewaschen verzichtet.

Die Geschichte von Wollmäusen und Hautschuppen

Der Staub in allen Räumen besteht weniger aus Schmutz, sondern hauptsächlich aus Hautschuppen. Unser Hausstaub setzt sich bis zu 80 Prozent aus abgestorbener Haut zusammen. Wir verlieren jeden Tag sehr viele von diesen Schuppen. Die suchen sich ein Plätzchen und sammeln sich im Zuhause solange an, bis kleine (oder große) Wollmäuse entstehen. Wollmäuse sind „Ballen" aus Staub, die nicht ganz so süß sind wie richtige Mäuse, aber so ähnlich aussehen.

Wenn Pupse zu uns wandern

Du atmest regelmäßig die Pupse anderer Menschen ein. Jeder muss pupsen und das tun wir durchschnittlich

14-mal am Tag. Deshalb kommt es vor, dass sich jemand in deiner Nähe aufhält, dem ein Furz entweicht. Forscher haben sich die Mühe gemacht, die Menge der eingeatmeten Darmgase festzustellen. Die Ergebnisse waren verblüffend (und ein bisschen eklig), denn wir atmen jeden Tag bis zu einen Liter Pupsgase von anderen ein.

Milben-Zoo – hier sind sie Zuhause

In deinen Wimpern und Augenbrauen befinden sich viele Milben. Dort fühlen sie sich rundum wohl. Milben sind sehr kleine Tierchen, die sich normalerweise nicht bemerkbar machen. Wenn das Immunsystem schwächelt, kann es vorkommen, dass sich zu viele Milben bilden. Sobald sich die Augen röten und der Juckreiz kommt, sollte man keine Freundschaft mit den Milben schließen, sondern einen Arzt aufsuchen.

Speichel und Rotz – genug für den Tag

Stell dir vor, du bekommst jeden Tag die Menge an Flüssigkeit in einer Flasche geliefert, die du selbst an Nasensekret und Spucke produzierst. Dann würde dir der Postmann eine Liter-Flasche voll übergeben! Aber der Postbote muss nicht kommen, denn du bist dein bester Getränke-Lieferant. Dein Körper bildet ständig Speichel und Rotz. Wo geht das hin? Du verschluckst einen Liter täglich!

Eine riesige Bakterien-Party

Es gibt Zeiten, da fühlen wir uns einsam. Doch sei dir gewiss: Du bist niemals allein! Auf und in deinem Körper leben ganz schön viele Bakterien, nämlich 10 Millionen! Die klitzekleinen Lebewesen haben oft eine wichtige Funktion und helfen uns, ein gesundes Leben zu führen. Beispielsweise leben im Darm unglaublich viele Bakterien, die fleißig bei der Verdauung helfen. Natürlich gibt es auch fiese Bakterien, die jedoch wenig anrichten können, da die guten Bakterien für Ordnung sorgen. So ist auf und in deinem Körper immer was los – eben eine Riesenparty!

Stinkefüße im Anmarsch

In deinen Füßen befinden sich 500.000 Schweißdrüsen. Die Drüsen geben jeden Tag einen halben Liter Schweiß ab. Diese Flüssigkeit ist erstmal geruchlos, aber wenn Bakterien hinzukommen, wird's stinkig! Um die Nasen der Mitmenschen zu schonen, sollte man auf regelmäßiges Füßewaschen achten und möglichst atmungsaktive Schuhe tragen. Die besten Stinkefüße entstehen übrigens in Turnschuhen, wenn du diese ständig trägst.

Fast Food – eine haarige Angelegenheit

Magst du Fast Food? In der Produktion und im Restaurant wird versucht, alles so sauber wie möglich herzustellen. Dennoch landen dabei Haare im Essen, sodass jeder Gast durchschnittlich 12 fremde Haare im Jahr mitisst. Na dann, guten Appetit! Neben Pommes, Burger & Co. liebst du auch Süßkram? In Götterspeise, Schokoküssen, Weingummis und Marshmallows steckt Gelatine. Gelatine besteht aus Bindegewebe, Knochen und Haut von Schweinen sowie Kühen.

Eiscreme und bohnenförmige Zuckerbonbons

Um Eiscreme zu verdicken, werden häufig Algen beigemischt. Algen sind gesund, aber die meisten Menschen wollen keine Algen im Eis haben. Viele Naschkatzen mögen kleine bohnenförmige Bonbons, die mit Gelee gefüllt sind. Diese süßen Köstlichkeiten enthalten oft Schellack. Das ist eine Substanz, die aus Gummilack gewonnen wird. Gummilack wiederum besteht aus den Ausscheidungen der Lackschildlaus. Dann gibt's beim nächsten Naschen Geleebohnen mit Läusekacke.

Kakerlaken in Schokoriegeln?

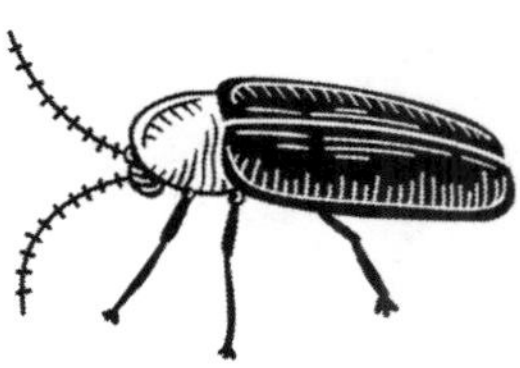

Es gibt Gerüchte darüber, dass in Schokoriegeln zermahlene Kakerlaken enthalten sind. Da ist was dran, denn minimale Insektenteile in Lebensmitteln können Hersteller nie vollkommen ausschließen. Insbesondere in nusshaltigen Nahrungsmitteln sowie in Gewürzen können Kleinstteile von Insekten vorkommen. In der Produktion müsste man eine große Menge an Insektiziden (Chemikalien) verwenden, um die Tiere auszuschließen. Die Insektizide sind allerdings weitaus ungesünder als die verschwindend geringen Insektenteilchen in der Schokolade.

Menschen, Tiere & Natur

Warum finden Elefanten uns niedlich?

Wenn wir flauschige Tierbabys sehen, sind wir völlig aus dem Häuschen. Wir finden die felligen Wesen unglaublich süß, können es nicht erwarten sie zu streicheln und mit ihnen zu spielen. Gleichzeitig achten wir darauf, dass sich die tapsigen Welpen wohlfühlen und gehen liebevoll mit ihnen um. Mutter Natur hat dafür gesorgt, dass wir uns genauso verhalten. Unser Beschützerinstinkt wird geweckt, sobald wir niedliche Tierbabys sehen. Wir freuen uns, wenn die Kleinen eine Stupsnase, große Kulleraugen, runde Wangen und eine hohe Stirn haben. Deshalb schauen Hasen und Bären nicht nur als Babys goldig aus, sondern auch dann, wenn sie ausgewachsen sind. Jetzt kommt das Faszinierende: Auch Elefanten können so empfinden, wenn sie einen Menschen sehen! Wissenschafter haben die Hirnströme der Dickhäuter gemessen. Sobald ein Mensch ins Blickfeld eines Elefanten gerät, denkt das Tier: „Oh, was für ein putziges Wesen!"

Wieso laufen Tränen, wenn wir uns riesig freuen?

Es gibt Situationen im Leben, die uns völlig ergreifen. Unsere Gefühle fahren Achterbahn, weil wir zum Beispiel nach langer Zeit Oma und Opa wiedersehen. Das gewonnene Fußballspiel, das langersehnte Geschenk oder der neue tierische Mitbewohner – all diese Dinge können Tränen der Freude ins Gesicht zaubern. Aber wir sind doch nicht traurig? Warum kullern Tränen in wundervollen Momenten? Dafür müssen wir zwischen unsere Ohren schauen: unser Gehirn. Dort befindet sich ein mandelgroßer Bereich namens Hypothalamus. Dieser steuert unser Nervensystem. Doch das kann der Hypothalamus nicht: Er kann nicht unterscheiden, ob es sich um schöne oder traurige Erlebnisse handelt. Darum weinen wir, wenn wir unglücklich und enttäuscht sind. Und genauso laufen Tränen über unsere Wangen, sobald wir viel Glück und Freude empfinden. Deshalb kann es passieren, dass die Tränen bei einem Lachanfall unaufhörlich fließen.

Wo liegt die kleinste Stadt der Welt?

Wie viele Menschen leben im kleinsten Ort der Welt? 100, 20 oder 10? Es sind sehr viel weniger, denn die Antwort lautet: eine Person! Die Stadt heißt Monowi und befindet sich in den USA. Die Bewohnerin verwaltet sich sozusagen selbst, denn sie ist gleichzeitig Bürgermeisterin. Neben ihrem Wohnhaus steht ein gut besuchtes Restaurant. Dort schmeckt das Essen nicht nur fantastisch, sondern es kommen viele Leute dorthin, weil sie die Ministadt mit eigenen Augen sehen möchten. Der US-amerikanische

Ort PhinDeli hatte 1880 auch nur einen einzigen Einwohner. Der Mann war nicht nur Bürgermeister, denn er kümmerte sich auch um die Poststelle im Ort. An wen die eingehenden Briefe wohl gerichtet waren?

Wie viel Wissen passt in unser Gehirn?

Das Smartphone hat begrenzten Speicherplatz, um Apps, Videos und Fotos zu sichern. Irgendwann ist der Platz belegt, sodass nichts mehr rein geht. Ist das Smartphone beispielsweise mit 128 Gigabyte ausgestattet, passen Videos von circa 30 Stunden Spielzeit in den Speicher. Das hört sich viel an, aber wirklich beeindruckend ist die Speicherkapazität unseres Gehirns! Unser Körper ist ein wahres Meisterwerk der Natur, denn wir können das ganze Leben lang unendlich viele Informationen aufnehmen, verarbeiten und wieder abrufen. Kindheitserinnerungen, Schulwissen, Geschichten, Lieder, Erfahrungen - vieles kommt ins Hirn und wird dort aufbewahrt. Unser Gehirn arbeitet so gut, dass es Videos mit einer Dauer von 3 Millionen Stunden unterbringen könnte! Das entspricht einem Speicherplatz von ungefähr 100.000 Smartphones. Demnach ist in unserem Kopf also genug Platz, um wissenswerte, interessante und lustige Erlebnisse zu behalten.

Wie alt wurden die ältesten Stubentiger?

Hauskatzen werden oft liebevoll „Stubentiger“ genannt. Wenn die Katzen gesund und glücklich leben, können sie zwischen 15 bis 20 Jahre alt werden. Allerdings gibt es 2 Urgesteine unter den Stubentigern, die Lust auf ein sehr viel längeres Leben hatten. Die beiden Katzen mit den Namen „Creme Puff“ und „Grandpa“ haben die typische Altersgrenze deutlich überschritten. Die beiden wurden 34 und 38 Jahre alt! Beziehen wir dieses Alter auf Menschenjahre, dann wäre es so, als wenn ein Mensch ein Alter von 150 Jahren erreicht. Die Katzen hatten in Texas ein entspanntes, wohlumsorgtes Leben, denn die US-amerikanische Besitzerin liebte die beiden über alles. Sie hegte und pflegte die Stubentiger rund um die Uhr. Die Dame kochte ein spezielles Menü, welches aus Eiern, Brokkoli, Spargel, Speck sowie Kaffee und Sahne bestand. Mit ungewöhnlichen Speisen und viel Liebe erreichten die Katzen ein ungewöhnlich hohes Alter.

Kann man unseren Planeten durchbohren?

Vielleicht hast du einen Globus zu Hause oder in der Schule. Der Globus enthält in der Mitte ein Metallrohr, damit er sich gleichmäßig drehen kann. Wenn du das Rohr herausziehst, entsteht ein Tunnel, der komplett durch den ganzen Planeten geht. Jetzt stell dir vor, diesen Tunnel würde es wirklich geben - quer durch unseren Erdball. Der unterirdische Weg wäre unglaubliche 12.742 Kilometer lang! Machen wir uns in unserer Fantasie zu Fuß auf dem Weg quer durch die Erde, würden wir mehrere Jahre unterwegs sein. Ein anderer Vergleich: Springen wir in den Tunnel hinein und fliegen im freien Fall hindurch, dann erreichen wir das Ende erst nach 42 Minuten. Diese Vorstellungen bleiben in unseren Köpfen, denn es ist nicht möglich, den heißen Erdkern zu durchbrechen. Das bisher tiefste Loch bohrten russische Forscher auf der Halbinsel Kola. Tiefer als 12 Kilometer kamen die Wissenschaftler nicht, sodass die Durchquerung der Erde wohl nur in unserer Vorstellungskraft geschehen kann.

Wie können Pinguine fliegen?

Pinguine gleiten durch die Lüfte - gibt es das? Die niedlichen schwarz-weißen Seevögel sind doch eher ausgefeilte Wasserkünstler! Aufgrund ihres Körperbaus können sie zwar nicht direkt fliegen, aber dafür sehr schnell schwimmen und aus dem Meer herausschnellen. Sie springen dabei aus bis zu 2 Metern Höhe ans Ufer. Das nennen Forscher den

„Schwimmflug". Pinguine fliegen kurzzeitig durch die Luft, um zur nächsten Eisscholle oder an den Strand zu gelangen. Die watschelnden Seevögel springen sogar höher als jedes Känguru! Wirklich meisterhaft, denn eigentlich sind Kängurus die Experten im Weitsprung. Aber in Bezug auf die Höhe schaffen Kängurus nur 1,5 Meter.

Warum können sich Pferde nicht übergeben?

Eine Einbahnstraße in den Magen macht es unmöglich, dass der Mageninhalt wieder zurückgelangt. Bei uns Menschen kann es vorkommen, dass wir Dinge essen, die uns nicht gut tun. Verdorbene Nahrungsmittel, zu viel Süßigkeiten oder Krankheitserreger werden vom Magen oft wieder nach draußen befördert, um unseren Körper zu schützen. Unser Magen wehrt sich gegen mögliche Schäden. Obwohl niemand das Gefühl des Erbrechens als wohltuend empfindet, so schirmt unser Körper Gefahren ab wie zum Beispiel Lebensmittelvergiftungen. Bei Pferden ist das Herauswürgen biologisch nicht möglich. Deshalb müssen die wiehernden Vierbeiner besonders gut erschnüffeln, welches Futter ihnen gut tut. Zwischen Speiseröhre und Magen sitzt ein kräftiger Muskel, der die Nahrung immer nur in eine Richtung weiterleitet. Das funktioniert so ähnlich wie bei der Rücktrittbremse am Fahrrad - die eine Richtung geht super, die andere ist ausgeschlossen.

Wie lang können Barthaare werden?

Der Weihnachtsmann hat einen tollen Rauschebart, der auf den wohlgeformten Bauch herabfällt. Doch auch er kommt ins Schwärmen, wenn er wüsste, wir lang ein Bart ohne Rasur werden kann. Jeder Mann könnte sich seinen Bart unentwegt wachsen lassen. Die Natur kennt im Haarwachstum keinen Halt, denn Haare wachsen das ganze Leben lang. Lassen Männer für 12 Monate die Hände vom Rasierer, so sprießen die Barthaare 11 bis 15 Zentimeter in die Länge. Barthaare wachsen ungefähr genauso schnell wie Kopfhaare. Dennoch bekommt man den Bartwuchs kaum mit, da Bärte meist abrasiert oder gestutzt werden. Würde sich ein Mann niemals um seinen Bart kümmern, könnte er am Ende des Lebens eine 8,3 Meter lange Gesichtsbehaarung mit sich tragen. Das entspricht die Länge von 2 Giraffen, die sich übereinanderstellen. Nicht gerade alltagstauglich, aber Mutter Natur würde es ermöglichen.

Was macht Taubenkot mit unseren Haaren?

Heutzutage kaufen viele Menschen Produkte, die sie jünger und schöner aussehen lassen sollen. Dabei ist das Bedürfnis nach Schönheit seit Langem in uns angelegt. Bereits in der Antike waren die Menschen sehr erfinderisch, indem sie sich etwas für ihr Schönheitsprogramm einfallen ließen. Zum Beispiel verwendeten die alten Römer Sand und Öle, um sich ein natürliches Peeling anzufertigen. Auch die Haare wurden bearbeitet. Henna färbte Haare rötlich, denn die zerriebenen Blätter des Strauches sind ein ideales Farbpulver. Jetzt wird es ein bisschen eklig: Auch Taubenkot kam zum Einsatz, da dieser die Haare aufhellte. Das klingt nicht sonderlich verlockend, war aber äußerst wirksam. Im Taubenkot befindet sich nämlich Ammoniak, der beispielsweise auf dem Autolack helle Flecken hinterlässt. In der heutigen Zeit befindet sich zwar kein Taubenkot in Haarfärbeprodukte, aber sehr oft Ammoniak. Demnach brauchen wir nicht auf die nächste Taube zu warten, um unsere Haare aufzuhellen, sondern können zur Tube greifen.

Was tun Seeotter, wenn sie über beide Ohren verliebt sind?

Wenn wir verliebt sind, möchten wir den anderen gerne bei uns haben und in den Armen halten. Die Nähe zum Partner fühlt sich einfach wunderschön an. Das gilt nicht nur für uns Menschen, denn auch im Tierreich ist dieses Verhalten zu beobachten. Natürlich erfahren wir nicht, wie stark die Liebe zwischen Ottern genau ist. Aber es ist bezaubernd zu sehen, wie sich 2 schlafende Seeotter im Wasser festhalten. Wissenschaftler gehen davon aus, dass Seeotter somit vermeiden, voneinander weggetrieben zu werden. Zum Glück halten sich Menschen beim Schlafen

meist nicht im Wasser auf, sodass keiner wegen einer fehlenden Umarmung weggespült wird. Dennoch können wir uns das bei den Ottern abschauen: die Liebe festhalten und sich gegenseitig schützen. Und noch eine Sache bringt uns bei den Seeottern zum Staunen: Sie besitzen das dichteste Fell im Tierreich. Bei ihnen wachsen so viele Haare pro Quadratzentimeter, wie auf einem kompletten Menschenkopf! Zudem haben die Seeotter immer einen Stein dabei, mit dem sie Krebse oder Muscheln aufbrechen. Was für liebevolle, schlaue und haarige Tiere!

Welches Material ist härter und stabiler als Stahl?

Eisenbahnschienen, Schiffe und Metallbrücken haben eine Gemeinsamkeit: Sie bestehen größtenteils aus Stahl. So sind die Bauwerke stabil genug, um extreme Gewichte zu stemmen. Unter allen Baumaterialien ist Stahl sehr zuverlässig und beliebt. Doch es gibt ein Material, das die Festigkeit von Stahl um das 5-fache übertrifft: unsere Knochen! Unser Körper muss so einiges aushalten. Das aus Nerven, Gewebe und Blutgefäßen zusammengesetzte Skelett schützt unsere Organe vor Stößen. Wenn wir hinfallen, sollte alles heil bleiben. Trotz der hohen Festigkeit sind Knochen sehr leicht, was auf Stahl nicht zutrifft. Bauen wir beispielsweise aus Stahl eine kleines Rohr, das genauso schwer ist wie ein kleiner Fingerknochen, würde die Stahlkonstruktion viel schneller brechen als der Knochen. Der kräftigste Knochen in unserem Körper befindet sich im Oberschenkel. Dieser hält vieles aus und geht erst dann zu Bruch, wenn außergewöhnliche Kräfte wirken wie zum Beispiel bei einem Autounfall.

Warum bringen Blumen, Tiere, Farben und Clowns nicht immer Freude?

Für die meisten von uns ist es ein schönes Gefühl, blühende Blumen zu sehen und den angenehmen Duft zu riechen. Wir verschenken gerne bunte Blumensträuße und erfreuen uns daran, wenn im Frühling die ersten Blüten aufgehen. Doch was für uns gilt, trifft nicht immer auf andere Menschen zu. Es gibt Menschen, bei denen Blumen panische Angstzustände auslösen. Forscher benennen diese Angst „Anthophobie“. Immer dann, wenn du einen Begriff siehst, bei dem „phobie“ am Ende steht, handelt es sich um eine besonders starke Angst. Menschen können vor vielen Dingen große Ängste entwickeln wie zum Beispiel vor engen Räumen oder Spinnen. Es gibt neben der Blumenangst auch andere, eher ungewöhnliche Phobien: Angst vor Clowns, bestimmten Farben oder Luftpolsterfolie. Wichtig ist, dass wir jeden Menschen in seiner Angst ernst nehmen und nicht darüber lachen. Apropos lachen: Auch die Lachangst existiert und nennt sich Geliophobie.

Wer kann durch den Po atmen?

Befindet sich deine Nase am Po? Nein? Dann bist du wahrscheinlich keine Wasserschildkröte. Die interessanten Tiere sind deutlich anders gebaut als wir Menschen. Der Panzer der Schildkröte ist so fest, dass sie beim Atmen den Brustkorb nicht bewegen können, wie wir es tun. Aber die Natur war pfiffig und hat die Wassertiere mit einem einzigartigen Tool ausgerüstet: Sie besitzen ein Atmungsorgan namens Analblase. Diese Blase sitzt in der Kloake. Als Kloake bezeichnet man einen einzigen Ausgang am Ende des Darms, der Harnblase und der Geschlechtsorgane. Die Schildkröte scheidet durch die Kloake Urin, Kot und auch ihre Eier aus. Die Analblase füllt sich gelegentlich mit Wasser. Dabei wird der Sauerstoff aus dem Wasser über die Blutbahnen in den gesamten Körper weitergeleitet. So sind die Wasserschildkröten bei Tauchgängen mit Sauerstoff versorgt. Doch was ist mit dem Geruchssinn? Riechen können die Tiere mit dem Rachen, indem sie das Maul weit öffnen.

Computer & Spiele

Der Umgang mit digitalen Geräten gehört heutzutage zum Alltag. Doch das ist noch nicht lange so, denn vor 30 Jahren gab es wenige Familien, die im Besitz eines Computers waren. In der heutigen Zeit gibt es wenige Familien ohne Computer, Tablet & Co. im Haushalt. Zahlreiche Spielmöglichkeiten sorgen für Spaß und Aktion. Jetzt erfährst du spannende Fakten rund um das Thema Computer und Spiele.

Das erste Computerspiel

Bereits im Jahr 1952 wurde das erste Videospiel entwickelt. Dabei handelte es sich um ein klassisches Tic-Tac-Toe-Spiel, das „OXO" oder auch „Noughts and Crosses" genannt wurde. Um das Spiel zu steuern, musste man entweder die Wahlscheibe eines alten Telefons bedienen oder auf eine Tastatur tippen. Ein paar Jahre später (1961) programmierte der US-Amerikaner Steve Russell das nächste Spiel namens „Spacewars!". Damals verdiente der Informatiker kein Geld mit dem Spiel, aber er arbeitete mit großer Leidenschaft an seinem Lieblingsthema.

Wenn Computerspiele nach Erde riechen

2001 kam das Fußballspiel „FIFA 2001" heraus. Bei der Produktion der CDs wurde die „Scratch & Sniff"-Technologie angewandt. Auf Deutsch heißt das „Kratzen & Schnüffeln". Wenn man über die CD kratzte, roch diese nach dem Torf eines Spielfeldes. Die Spieler sollten sich so fühlen, als wenn sie in Wirklichkeit auf dem Fußballplatz stehen.

Der Spieleentwickler, der sein beliebtes Spiel löschte

Der Vietnamese Dong Nguyen tüftelte lange an einem Spiel, das er „Flappy Bird" nannte und 2013 auf dem Markt kam. Das Spiel wurde sehr erfolgreich, sodass Dong Nguyen viel Geld durch Werbeeinnahmen verdiente. Umgerechnet 45.000 Euro am Tag gingen auf das Konto des Spieleentwicklers ein. Dadurch war er finanziell richtig gut abgesichert und konnte sich viele Wünsche erfüllen, die man mit Geld eben kaufen kann. Das ganze Geschehen endete nach einem Jahr, denn Dong Nguyen löschte das Spiel kommentarlos aus dem App-Store. Er konnte es nicht mit seinem Gewissen vereinbaren, dass so viele Menschen ständig am Spielen sind und dadurch eventuell eine Sucht entwickeln.

Berufswunsch: Chirurg

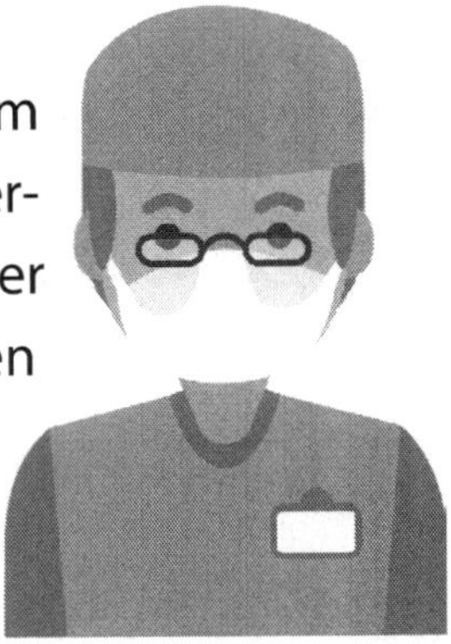

Chirurgen sind Mediziner, die vor allem Operationen durchführen. Dabei werden Krankheiten, Verletzungen oder Fehlbildungen behandelt. Oft brauchen Chirurgen ein herausragendes Handgeschick, um knifflige Operationen mit Erfolg zu bewältigen. Wissenschaftler fanden heraus, dass Chirurgen im Durchschnitt 37 Prozent weniger Fehler machen, wenn sie als Kind eine Spiele-Konsole hatten.

Ab aufs Klo! Oder doch lieber auf eine einsame Insel?

Das klingt unglaublich, ist aber wahr: 17 Prozent der Erwachsenen nehmen ihren Laptop mit auf die Toilette. Manche vergessen dabei, die Kamera auszuschalten. So entstehen peinliche Momente, die meist für amüsanten Gesprächsstoff sorgen. 43,5 Prozent der Menschen würden den Laptop mit auf eine einsame Insel nehmen, wenn sie 3 Dinge wählen dürften.

Achtung, Verletzungsgefahr!

Das Spiel „Mario Party“ aus dem Jahr 1999 erforderte von den Spielern, dass sie den Steuerhebel (Controllerstick) ganz schnell mit der Handfläche drehen. Bei einigen Nutzern führte das zu Verletzungen und Verbrennungen. Daraufhin wurde der Hersteller Nintendo von einem Gericht dazu verurteilt, schützende Handschuhe an alle Käufer herauszugeben. Das hätte ungefähr 80 Millionen Dollar gekostet. Da der Prozess keine großen Wellen schlug, wussten nur wenige Kunden von dem Urteil. So lagen die Kosten für Nintendo bei einem verschwindend geringen Betrag.

Lass uns surfen!

Woher kommt der Ausdruck„im Internet surfen"? Die US-Amerikanerin Jean Armour Polly etablierte diesen Begriff im Jahr 1992. Die Bibliothekarin hatte die grandiose Idee, als sie das Bild eines Surfers auf ihrem Mauspad sah. Sie veröffentlichte einen Magazin-Artikel mit dem Namen „Surfing the Internet". Schon bald war diese Floskel in aller Munde und ist auch heute nicht mehr wegzudenken.

Die Worte der ersten E-Mail

Der US-amerikanische Informatiker Ray Tomlinson sendete 1971 die erste E-Mail an sich selbst. Er hatte keine Ahnung, wie erfolgreich das Mailen zukünftig sein wird. Deshalb kann er sich nicht daran erinnern, welche Worte in der ersten digitalen Nachricht standen. Er fand es einfach belanglos, diese E-Mail verfasst zu haben.

Wenn Telefonkosten in die Höhe wuchern

Im Jahr 1997 gab das Unternehmen Microsoft rund 500 Millionen Dollar für Telefongebühren aus. Der Grund: Microsoft-Mitarbeiter mussten Anfragen von Kunden beantworten, die Probleme mit den neuen Computer-Programmen (Software) hatten. Das ist viel mehr Geld, als für die Erstellung der Software ausgegeben wurde.

Das erste YouTube-Video

Das erste Video auf YouTube heißt „Me at the zoo". Der Clip wurde am 23. April 2005 eingestellt und ist 18 Sekunden lang. In dem Video sagt YouTube-Mitbegründer Jawed Karim ein paar Worte zu den Elefanten im Zoo. Er informiert uns, dass die sanften Riesen einen wirklich langen Rüssel haben. Du kannst den Clip auch heute noch auf YouTube ansehen.

Der erste Computer

Der deutsche Erfinder Konrad Zuse entwickelte im Jahr 1936 den ersten Computer. Das Gerät trug den Namen „Z1". Der Nachfolger „Z2", der 1939 fertiggestellt wurde, war der erste funktionstüchtige elektromechanische Computer. Das kastenförmige Gerät war so groß wie ein Wandschrank. Damals fand die Präsentation des Computers in der Berliner Werkstatt kaum Beachtung.

Nintendo – vom Kartenhersteller zum Spieleproduzent

Die längste Firmengeschichte hat der erfolgreiche Spielkonsolenhersteller Nintendo. Bereits 1889 ging das japanische Unternehmen an den Start. Allerdings hatte die Firma 67 Jahre lang nichts mit Spielkonsolen am Hut, denn Nintendo produzierte nur ein einziges Produkt: Spielkarten. Im Jahr 1956 kam der Wandel. Der Enkel des Unternehmensgründers reiste in die USA und ließ sich von anderen Firmen inspirieren. Daraufhin hatte der Unternehmer die Idee, das Firmenkonzept zu ändern. Nintendo probierte einige Produkte aus, die meist nicht erfolgreich waren. Doch als sich das Unternehmen der Elektronik zuwandte, stieg der Erfolg rasant an.

Gehirn oder Computer – Wer kann's besser?

Computer arbeiten immer schneller und effektiver, sodass sie eine Menge Dinge in kurzer Zeit verrichten. Doch können diese technischen Wunderwerke die Eigenschaften unseres Gehirns übertrumpfen? Wenn ein

Computer auch nur ansatzweise so leistungsstark wie ein menschliches Gehirn wäre, müsste das Gerät in der Lage sein, circa 38.000 Trillionen Operationen pro Sekunde (!) zu verrichten. Demnach ist die Antwort eindeutig: Unser Gehirn ist ein außergewöhnliches Meisterwerk, sodass der leistungsfähigste Computer der Welt nicht mithalten kann. Allerdings: Wir benutzen meist nur einen winzigen Bruchteil unseres Gehirns.

Ernährung & Gesundheit

Warum ist Ananas nicht nur süß, sondern auch gemein? Sind die blauen Gummibärchen im Dauerurlaub? Wer lebt in deinem Bauchnabel? Diese und weitere interessante Dinge nehmen wir jetzt genauer unter die Lupe!

Die leckerste Sache der Welt

Schokolade zählt zu den feinen Dingen des Lebens. Wenn zartschmelzende Schokostückchen in unserem Mund landen, springen unsere Glücksgefühle voller Freude umher. Schoki ist keine Erfindung der Neuzeit, denn diese ist schon sehr alt. Bereits die Mayas bauten Kakao an. Mayas gehören zu den ältesten indigenen Einwohnern Amerikas. Allerdings wurde Kakao damals als Getränk zubereitet, das sehr teuer war. Nur Adelige konnten sich dieses kostbare Nahrungsmittel leisten. Dadurch nutzte man Kakaobohnen als Währung und tauschte diese gegen Kleidungsstücke oder Nahrungsmittel ein.

Laute Musik für schnelles Essen

Italienische Forscher fanden heraus, dass Gäste in einem Restaurant langsamer essen, wenn langsame Musik gespielt wird. Das machten sich viele Fast-Food-Ketten zu Nutze, indem sie schnelle Rhythmen durch die Musikboxen jagen. Die Gäste machen zum einen ihren Platz schneller frei, sodass die begrenzten Plätze optimal genutzt werden können. Zum anderen geben Besucher auch mehr Geld für Getränke und Essen aus, sobald laute Musik zu hören ist.

Die fiese Ananas

Wenn wir frische Ananas essen, haben wir oft ein unangenehmes Gefühl im Mund. Die Zunge fühlt sich an, als hätten wir sie mit Sandpapier geschmirgelt. Im Internet sind viele Erfahrungen beschrieben wie zum Beispiel spröde Lippen, blutendes Zahnfleisch und wunde Zungen. Doch warum ruft die leckere Ananas so fiese Nebenwirkungen hervor? Die Frucht enthält das Enzym Bromelain. Das Enzym verdaut Eiweiß und deshalb brennt es manchmal im Mund oder an den Lippen. Sobald die Ananas im Magen angelangt ist, zerstört die Magensäure das eiweißfressende Enzym vollständig. Demnach kannst du weiter unbesorgt zur Ananas greifen, denn unser Körper kommt prima mit dem Enzym zurecht.

Die Geschichte der verschwundenen blauen Gummibärchen

Wenn wir die Gummibärchen-Tüte öffnen, fallen uns verschiedenfarbige Bären entgegen. Rote, gelbe, orangefarbene, weiße und grüne Leckereien wandern in unseren Mund. Doch blaue Gummibärchen suchen wir vergeblich. Der Grund: Es war zu Produktionsbeginn nicht möglich, einen geeigneten blauen Farbstoff zu finden. So bleiben die blauen Bären weiterhin im Niemandsland.

Wertvolle Kaffeebohnen aus dem Katzendarm

Der teuerste Kaffee der Welt heißt „Kopi Luwak". Die Kaffeebohnen sind so viel wert, weil die Herstellung recht aufwendig ist. Im ersten Schritt werden die Bohnen an Schleichkatzen verfüttert. Im Verdauungstrakt der Katzen geschehen bestimmte Vorgänge, die keine Maschine der Welt nachahmen kann. Im Darm werden die Bitterstoffe der Kaffeebohnen aufgespalten, sodass ein besonders mildes Aroma entsteht. Auf natürlichem Wege verlassen die sonst unversehrten Bohnen den Darm der Katzen. Die Kaffeebohnen werden aus dem Kot heraussortiert und zum teuersten Kaffee der Welt weiterverarbeitet.

Das tun wir 900-mal pro Stunde

Sogar beim Faulenzen und im Schlaf schaffen wir es, eine bestimmte Sache rund 900-mal in der Stunde zu machen. Allerdings läuft das wie von selbst, ganz ohne Bemühungen. Es geht um deine Atmung, denn 12- bis 17-mal pro Minute strömt ein halber Liter Luft in unsere Atemwege. Das hält unseren Lebensmotor in Gang. Wenn du dich körperlich anstrengst, atmest du bis zu 3-mal schneller als im Ruhezustand. Auch das Alter spielt eine Rolle. So holen Babys rund 50-mal pro Minute Luft und Schulanfänger tun es circa 25-mal.

Stirnrunzeln aktiviert viele Muckis

Sage und schreibe 40 Gesichtsmuskeln brauchst du zum Stirnrunzeln. Wenn du lächelst, kommen ungefähr 17 Muskeln zum Einsatz. 650 Muskeln befinden sich insgesamt in deinem Körper, sodass diese ungefähr ein Drittel deiner Gesamtkörpermasse ausmachen.

Damit wir gesund bleiben, brauchen wir ausreichend Bewegung. Denn was wir nicht nutzen, schmeißt unser Körper sozusagen raus. Bei Bewegungsmangel verschwindet Muskelmasse und das belastet unsere Gesundheit.

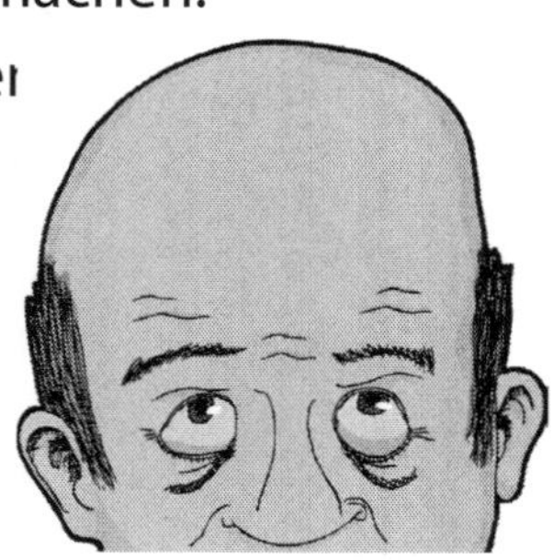

Lachen ist gesund

Menschen, die wenig lachen, sind anfälliger für Krankheiten als Menschen, die oft lachen. US-amerikanische Forschungsergebnisse belegen, dass Lachen das Immunsystem stärkt und die Stresshormone senkt. Wer viel lacht, kann auch anstrengende Situationen besser meistern. Kinder lachen circa 300-mal pro Tag. Erwachsene tun sich damit oft schwer, denn im Durchschnitt schaffen sie täglich um die 30-mal. Da können Erwachsene einiges von Kindern lernen.

Hallo du da im Bauchnabel!

Bei der Körperpflege wird oft eine Stelle vergessen: der Bauchnabel. Diese Stelle ist nämlich so klein und unscheinbar. Es lohnt sich aber, dem Bauchnabel mehr Aufmerksamkeit zu schenken. Warum denn das? Bei wissenschaftlichen Studien wurde herausgefunden, dass im Nabel mehr als 2000 einzigartige Bakterien leben. Ungefähr 1400 von diesen kleinen Lebewesen waren der Wissenschaft bisher unbekannt. Falls du doch lieber auf den vielfältigen Bakterien-Zoo im Bauchnabel verzichten möchtest, solltest du die Körperstelle regelmäßig säubern.

Leckeres Leben

50 Tonnen Nahrung nehmen wir im Laufe des Lebens zu uns. Rund 5.192 Brote, 8.000 Äpfel und 45 Schweine werden von unserem Verdauungssystem verarbeitet. Dabei ist unser Magen nur so groß wie eine Faust. Der Magen ist aber dehnbar, sodass er sich wie ein kleiner aufgeblasener Luftballon vergrößern kann. Je mehr Nahrung wir aufnehmen, umso mehr weitet sich der Magen. Meist ist bei 1,5 Litern Füllmenge aber Schluss. Manchmal passiert es, dass wir zu viel vom leckeren Essen verspeisen. Der Magen platzt dabei nicht wie ein Ballon, sondern wird unangenehm überdehnt. Dann sagen oft Bauchschmerzen „Hallo", die jedoch nach etwas Verdauungsarbeit wieder verschwinden.

Die goldene 5-Sekunden-Regel

Dir ist bestimmt schonmal etwas von deinem Essen heruntergefallen. Hebst du es auf und landet das Stückchen in deinem Mund? So reagieren viele Menschen und beziehen sich dabei auf die sogenannte 5-Sekunden-Regel. Diese besagt, dass das herabgefallene Essen innerhalb von wenigen Sekunden aufgehoben werden sollte, damit es bakterien- und keimfrei bleibt. Doch die Regel enthält wenig Wahres. Warum sollten sich Bakterien so viel Zeit lassen, um auf den Krümel zu hüpfen? Bakterien & Co. stehen nicht mit einer Stoppuhr bereit und lassen Menschen damit eine reelle Chance. Sie besiedeln nämlich sofort das auf dem Boden liegende Essen. Das heißt: Lieber den Leckerbissen gut abwaschen oder den Bakterien überlassen.

Kopfüber trinken und essen

Unser Körper kann unglaublich viele Dinge. Er kann sogar dafür sorgen, dass Wasser nach oben fließt! Wenn wir im Kopfstand etwas trinken oder essen, bewegt sich die Speiseröhre wie ein Muskelschlauch und transportiert alles nach und nach Richtung Magen. Das erfolgt in wellenähnlichen Bewegungen. So wird die aufgenommene Nahrung dahin gebracht, wo sie hinsoll. Falls du es probieren möchtest, bitte lieber einen Erwachsenen darum, dabei zu sein. Nur für den Fall, dass du dich verschluckst.

Süß, lecker und gesund?

Coca-Cola wurde 1886 von dem amerikanischen Arzt Dr. John S. Pemberton erfunden. Der Arzt bezeichnete die Zubereitung als Sirup, der eine erfrischende und belebende Wirkung erzeugte. Für die Zusammensetzung des Getränks mischte er frische Gewürze und Zutaten aus der ganzen Welt zusammen. Dr. Pemberton verschrieb Coca-Cola als Medizin gegen Müdigkeit und Kopfschmerzen. Übrigens kennen heute nur 2 Personen das Rezept und die genauen Zutaten für die Herstellung von Coca-Cola. Aus Sicherheitsgründen dürfen die beiden niemals gemeinsam mit dem Flugzeug fliegen.

Wissenschaft & Technik

In diesem Kapitel haben wir für dich faszinierende und witzige Informationen aus den Bereichen Technik und Wissenschaft zusammengetragen. Es gibt Dinge, die man nicht wissen muss, aber ziemlich spannend und lustig sind. Auf geht die Reise!

Auf zum Mond!

Der etwas andere Urlaub: Was hältst du davon, eine Reise zum Mond zu unternehmen? Wir setzen uns ins Auto, beschleunigen auf 130 Kilometer pro Stunde und erreichen den Mond in ungefähr 4 Monaten! Geht nicht? Stimmt, denn deine Ferien reichen dafür nicht aus.

Bahnbrechende Erfindungen? Einfach laufen lassen!

Forscher versuchten jahrzehntelang ein Material herzustellen, das mehr Wasser binden kann als jedes andere. Das ist in über hundert Jahren keinem Wissenschaftler gelungen. Dann geschah das Unglaubliche: 2013 stellten schwedische Forscher das außergewöhnliche Material per Zufall her! Sie vergaßen, die Laborgeräte übers Wochenende auszuschalten. So liefen die Experimente weiter. Als die Wissenschaftler am Montag das Ergebnis sahen, kippten sie vor Erstaunen fast vom Stuhl. Das „unmögliche Material" war entstanden!

Planet George – Wo ist er?

Hast du schonmal was vom Planeten George gehört? Das ist kein neuer Planet, sondern ein altbekannter. Uranus hieß nämlich sehr lange George (ungefähr 70 Jahre). Der Forscher Wilhelm Herschel vergab den Namen „Georgium Sidus" im Jahr 1781 zu Ehren Königs George III. Das heißt übersetzt „Georges Stern". Erst im Jahr 1850 wurde der Name offiziell in Uranus geändert.

Ein Forscher, der die Geschwindigkeit liebte

John Paul Stapp war ein Forscher aus Brasilien, der sich mit den Folgen von Beschleunigung und Geschwindigkeit auf den menschlichen Körper auseinandersetzte. Ihm reichte es nicht, in der Theorie verschiedene Situationen zu berechnen, sondern er wollte es genau wissen. Er setzte sich 1954 im Rahmen eines Experiments selbst ans Steuer und beschleunigte den Raketenschlitten auf

mehr als 1.000 Kilometer pro Stunde. Er ließ sich dann in 1,4 Sekunden vollständig abbremsen. Bei der Vollbremsung sah er kurzzeitig aus wie ein Knetmännchen. Da extreme Erdanziehungskräfte auf ihn wirkten, war Stapp nach dem Experiment kurzzeitig blind. Er erholte sich zügig und konnte es kaum erwarten, die nächsten extremen Versuche zu starten. Die Ergebnisse prägten die Menschheit, denn dadurch entstanden zum Beispiel sichere Bremssysteme.

Bitte nicht in den Anzug übergeben!

Astronauten leiden zu Beginn ihrer Reise häufig an der Raumkrankheit. Ihnen wird dann ziemlich übel. In der Schwerelosigkeit verteilen sich alle Körperflüssigkeiten um und der Gleichgewichtssinn kommt aus der Balance. Deshalb verzichten Astronauten während der ersten Tage einer Weltraummission auf wichtige Aufgaben. Das Risiko des Erbrechens wäre einfach zu hoch, denn das Erbrochene würde im Anzug des Astronauten landen.

Nobelpreis gewonnen – Haus mit Bierleitung bekommen

1922 gewann der dänische Physiker Niels Bohr den Nobelpreis für die Erforschung von Atomen. Darüber freute er sich riesig, denn das war die höchste Auszeichnung und größtmögliche Anerkennung für seine Forschungen. Die Carlsberg-Brauerei schenkte dem Wissenschaftler ein Haus inklusive lebenslanger Bierversorgung. Dafür baute das Unternehmen eine Direktleitung ins neue Eigenheim. So konnte Nils Bohr jederzeit so viel Bier trinken, wie er wollte.

Fleiß zahlt sich aus

Der Wissenschaftler Maurice R. Hilleman war ein US-amerikanischer Mediziner und grandioser Impfstoffexperte. Hilleman entwickelte in seinem Leben ungefähr 40 Impfstoffe. Zu den bekanntesten gehört dabei der Schutz vor Mumps, Masern, Röteln, Hepatitis A und B, Windpocken, Hirnhautentzündung und Lungenentzündung. Er sah es als seinen Lebenssinn, möglichst viele Menschen vor dem Tod zu bewahren.

Mit einem Selbstversuch zum Nobelpreis

Barry Marshall ist ein australischer Mediziner und besitzt großen Mut. Er war davon überzeugt, dass nicht Stress zu Magengeschwüren führt, sondern eher der Befall von Helicobacter-pylori-Bakterien. Seine Theorie wollte er in einem Selbstversuch unter Beweis stellen. Er trank 1984 ein Reagenzglas mit Bakterien und wurde kurz darauf krank. Seine Magenschleimhaut war stark entzündet, aber die Entzündung heilte mit Antibiotika-Behandlung vollständig aus. Marshall bekam mehr als 20 Jahre später mit seinem Kollegen John Robin Warren den Nobelpreis überreicht (2005), weil er fundamentale Entdeckungen zu Helicobacter-pylori-Bakterien vorantrieb.

Der Steinbock, der zweimal ausstarb

Der Iberische Steinbock namens „Bucardo" war im Jahr 2000 ausgestorben. Spanischen Wissenschaftlern gelang es, eine Gewebeprobe am Ohr zu entnehmen, bevor das letzte Tier verstarb. Das Ziel war, weltweit erstmals ein ausgestorbenes Tier erfolgreich zu klonen. Klonen bedeutet, genetisch identische Nachkommen zu entwickeln. Das gelang den Forschern auch, denn 2003 brachte eine Hausziege ein geklontes Jungtier zur Welt. Allerdings lebte das kleine Wesen nur 7 Minuten. Aufgrund einer Lungenfehlfunktion verstarb es, sodass diese Tierart nun zum zweiten Mal von dieser Welt ging.

Wenn sich Satelliten jagen

Die NASA ist die US-amerikanische Raumfahrtbehörde. Sie schickten 2 identische Flugkörper (Satelliten) ins Weltall, die gleichmäßig die Erde umkreisen. Dabei messen die Satelliten immer wieder den Abstand zueinander, um eventuelle Abweichungen in der Anziehungskraft (Gravitation) zu entdecken. Die beiden Satelliten tragen die Spitznamen Tom und Jerry – wie die gleichnamigen Zeichentrickfiguren. In der Serie „Tom & Jerry" verfolgt Kater Tom unentwegt die pfiffige Maus Jerry. Wie eine ständige Jagd wirkt auch das Umkreisen der Satelliten.

Ein Buch, das Wasser reinigen kann

Dr. Theresa Dankovich aus Kanada hatte die Idee, ein Buch über die Gefahren von verunreinigtem Trinkwasser zu schreiben. Doch ihr reichte es nicht aus, nur durch das geschriebene Wort zu informieren. Neben vielen hilfreichen Informationen besteht das „Drinkable Book" aus herauslösbaren Blättern mit integrierten Silber-Partikeln. Jede Seite kann verschmutztes Wasser zu ungefähr 99 Prozent reinigen. Das Buch ist mit so vielen Seiten bestückt, dass sich ein Mensch circa 4 Jahre mit sauberem Wasser versorgen kann.

Deutschland – das Land der Erfinder

Deutschland wird oft als Land der Dichter und Denker bezeichnet. Neben dem vielen Dichten und Denken gab es auch Erfinder und Wissenschaftler, die mit ihren Entdeckungen die Welt veränderten. Beispielsweise hat Karl Baedeker im Jahre 1835 den ersten modernen Reiseführer geschrieben. Dafür ging er selbst auf Reisen und hielt alles schriftlich fest, was er mit eigenen Augen gesehen hatte. Folgende Erfindungen stammen ebenfalls aus Deutschland:

- Buchdruck (um 1440)
- Reinheitsgebot für Bier (1516)
- Kleinbildkamera (1925)
- Auto (1886)
- Straßenbahn (1881)
- Hubschrauber (1936)
- Computer Z1 (1936)
- Chipkarte (1969)

Als die erste Eisenbahn auf Schienen stand

Im Jahr 1825 eröffnete der britische Ingenieur George Stephenson die erste Eisenbahnstrecke weltweit. Dafür ließ der Ingenieur Schienen auf einer Strecke von 40 Kilometern auslegen. Seine Lokomotive „Locomotion" bewältigte diesen Weg mit einer Geschwindigkeit von durchschnittlich 17 Kilometern pro Stunde. Zum Vergleich: Heute erreichen Züge bis zu 500 Kilometer pro Stunde. Dennoch sahen viele Menschen diese einschneidende Erfindung als Teufelswerk. Sie hatten Angst vor der Geschwindigkeit und es machten sich Gerüchte breit, dass dieses Tempo Schäden im Gehirn verursachen kann. Die Proteste ließen aber schnell nach, weil Menschen die Vorteile erkannten und keine gesundheitlichen Folgen entstanden.

Life-Hacks für Kinder

Jeder Mensch weiß etwas, was man selbst noch nicht kennt. Jetzt folgen spannende Life-Hacks, die du mit deinen Freunden ausprobieren kannst. Viel Spaß beim Erforschen, Experimentieren, Spielen und Weitererzählen!

Zelten – die perfekte Vorbereitung für sichere Nächte

Mit diesen Sicherheitstipps hast du ein besseres Gefühl, wenn du draußen im Zelt schläfst.

- Sammle trockene Zweige und lege diese wie einen Ring ums Zelt. Dadurch hörst du sofort, wenn deine Freunde dich erschrecken möchten oder sich Tiere anpirschen. Keiner kommt da geräuschlos vorbei.
- Für Tipp Nummer 2 brauchst du einen dünnen, aber stabilen Faden. Diesen spannst du ungefähr 20 Zentimeter über dem Boden auf. Der Faden umschließt das ganze Zelt wie einen Kreis. Jeder, der sich heranschleicht, kommt ins Stolpern. So merkst du rechtzeitig, wer sich deinem Zelt nähert. Aber aufgepasst: Falls du beispielsweise ein Morgenmuffel bist und unachtsam aus deinem Zelt kletterst, könntest du auch selbst fallen.

- Du kannst Tipp Nummer 2 auch abwandeln, indem du einen

zweiten Faden einsetzt. Den anderen Faden knotest du an den ums Zelt angebrachten Faden an. Nun befestigst du einen Gegenstand an dem zweiten Faden, der so richtig Lärm machen kann (zum Beispiel eine Schüssel oder Pfanne). Danach stellst du den Gegenstand auf einen Ast ab. Sobald jemand in Kontakt mit dem Faden kommt, fällt der Gegenstand herunter. Das erzeugt einen Höllenlärm, sodass Freunde und Tiere vor Schreck davonlaufen.

Tanz mir nach!

Es ist gar nicht so einfach, wie ein Spiegel die Bewegungen eines anderen nachzumachen. Am besten stellt ihr euch dafür wie ein Tanzpaar auf. Nun geht's los, denn eine Person darf sich etwas ausdenken und zur Musik tanzen. Das muss nicht akkurat sein, ganz im Gegenteil! Je witziger und fantasievoller die Bewegungen sind, umso mehr Spaß macht es. Der andere Tanzpartner versucht dabei, die Tanzbewegungen originalgetreu nachzuahmen. Alles sollte möglichst zeitgleich erfolgen. Nach einem Lied werden die Rollen gewechselt. Wählt eure Lieblingsmusik, denn dann habt ihr eine richtig schöne Zeit.

Wasserkunst mit Gießkannen

Für diese Idee benötigst du einen geteerten Platz wie zum Beispiel einen Schulhof oder eine Spielstraße. Wenn die Sonne zum Spielen nach draußen einlädt, nimmst du eine mit Wasser gefüllte Gießkanne mit. Trockene, sonnige Tage eignen sich dafür bestens. Jetzt kannst du loslegen und tolle Wasserbilder erschaffen. Ideal wäre eine Gießkanne mit kleinem Ausgießloch, denn so gelingt dir dein Bild im Handumdrehen. Ganze Städte, große Blumengemälde oder ein See voller Fische – alles ist möglich! Auch wenn die Sonne deine Kunstwerke wegtrocknet, kannst du immer wieder nach Lust und Laune neue Gemälde gießen.

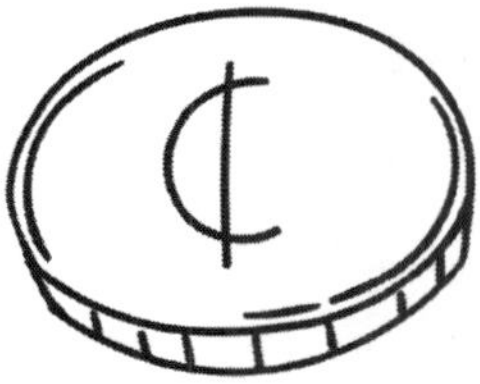

Die zauberhafte Münze

Wenn du eine 2-Cent-Münze nimmst und diese auf die Stirn drückst, klebt sie fest. Das Geldstück hält sich so lange an deiner Stirn fest, bis du deinen Kopf ruckartig bewegst. Erst dann fällt die Münze zu Boden. Jetzt erklärst du einem Freund, dass du das Geldstück fest auf seine Stirn klebst. Du sagst ihm auch, dass er es nicht schaffen wird, die Münze durch Kopfschütteln zu entfernen. Nun hältst du die Münze für ein paar Sekunden fest an seine Stirn. Dann ziehst du deine Hand weg – aber nicht nur die Hand, sondern auch das Geldstück. Versuche dabei, die Münze unbemerkt in deiner Hand verschwinden zu lassen. Dein Freund hat durch den festen Druck das Gefühl, als wenn die Münze noch auf der Stirn klebt. Er schüttelt und schüttelt, jedoch fällt nichts hinab! Wie denn auch? Das Geldstück ist schon längst woanders!

Der magische Apfelkern

Kannst du mit einem Apfelkern deine Zukunft voraussagen? Probiere es aus! Das geht so: Schau in einen Spiegel und drücke einen frischen Kern an deine Stirn. Nun fängst du in Gedanken an, das Alphabet aufzusagen. Irgendwann fällt der Apfelkern nach unten und genau in diesem Moment merkst du dir den Buchstaben, an dem du angelangt bist. Jetzt stehen die Chancen gut, dass dir kurz danach ein Freund über den Weg läuft, dessen Name mit diesem Buchstaben beginnt!

Die Zeichen von Mutter Natur

Einige Menschen verlieren in der Natur die Orientierung und haben Schwierigkeiten, den richtigen Weg zum Ziel oder nach Hause zu finden. Falls dir das auch einmal passieren sollte, kannst du auf hilfreiche Zeichen der Natur achten. Wenn du einen Ameisenhaufen siehst, ist dieser immer Richtung Süden ausgerichtet.

Moos wächst dichter und grüner, wenn es in Richtung Süden zeigt. Sind Baumstümpfe in der Nähe? Dann verraten dir die Jahresringe, in welche Himmelsrichtung du dich bewegst. Die Jahresringe sind auf der Südwestseite breiter. Eine Spinne ist ebenfalls ein wunderbarer Helfer beim Zurechtfinden in der Natur, denn sie baut ihr Netz meist an einem Ast, der Richtung Süden zeigt. Falls du eine Uhr dabei hast, unterstützt auch die Sonne bei der Orientierung. Sie steht morgens im Osten, zur Mittagszeit im Süden und abends im Westen.

Wenn die Nase blutet

Du hast bestimmt auch schonmal Nasenbluten gehabt. Wie kommt es dazu? Nun ja, da gibt es viele Gründe. Manche popeln einfach zu sehr in der Nase, andere schnäuzen so stark ins Taschentuch, dass die Erde bebt. Einige essen zu wenig gesunde Nahrungsmittel, sodass der Körper nicht genug Vitamine bekommt. Das schwächt die Blutgefäße und die Nase neigt zu Blutungen. Auch trockene Heizungsluft kann für Risse in der Nasenschleimhaut sorgen. Oft bekommen wir einen Schreck, wenn das Blut fließt. Jedoch ist Nasenbluten meist harmlos und schnell zu stoppen. Falls die nächste Blutung „Hallo, hier bin ich!" sagt, setzt du dich am besten erstmal auf einen Stuhl. Bleib entspannt und drücke den Nasenflügel der betroffenen Seite mit den Fingern zusammen. Wenn das Blut nach 10 Minuten weiterläuft, ist ein Arzt der beste Helfer.

Tanzende Regenwürmer

Im Boden tummeln sich unglaublich viele Lebewesen. Insbesondere Regenwürmer sind im heimischen Garten Gold wert. Die fleißigen Würmer sorgen für einen gut durchmischten und optimal gelüfteten Boden. Wenn man im Herbst auf einem Fußballfeld circa 1.000 Kilogramm Blätter auslegen würde, ist das Laub im Sommer wie von Zauberhand verschwunden. Das erledigen viele kleine Lebewesen, aber vor allem Regenwürmer. Sie verspeisen die Blätter mit Freude und düngen mit ihren Ausscheidungen den Boden. Du kannst Regenwürmer sogar hören! Sie geben keine Laute von sich. Aber wenn du einen Wurm sorgfältig auf ein Blatt Papier setzt, erzeugt der Regenwurmtanz interessante Geräusche.

So klingt Wassermusik

Wenn du Wasser in ein Glas schüttest, können die dabei entstehenden Geräusche unterschiedlich sein. Die Temperatur des Wassers bestimmt, welche Klänge du hörst. Kaltes Wasser ist zäher und dicker als heißes, weil die Moleküle im Kaltwasser nicht so wild umherspringen. Deshalb erzeugt warmes Wasser einen etwas höheren Ton, da es dünnflüssiger ist und mehr Blasen bildet. Probiere es aus und komponiere deine eigene Wassermusik!

Der Zauber von springenden Pfefferkörnern

Lust auf ein kleines, feines Experiment? Dafür brauchst du:

- einen Plastiklöffel
- einen Wollpullover
- eine Tasse
- einen halben Löffel fein gemahlenen schwarzen Pfeffer
- einen halben Löffel Salz

Gib nun den Pfeffer und das Salz in die Tasse und vermische beides so lange, bis alles gut verrührt ist. Schütte deine Salz-Pfeffer-Mischung auf eine ebene Fläche (Tisch). Jetzt beginnt der Zauber, indem du im ersten Schritt den Plastiklöffel an deinem Wollpullover reibst. Führe den Löffel langsam von oben an die Mischung heran. Sofort reagieren die Pfefferkörner, indem sie zum Löffel springen! Dort bleiben die Körner auch haften. Warum reagiert der Pfeffer, aber nicht das Salz? Der Löffel wird durch die Reibung elektrisch aufgeladen. Durch die elektrische Ladung werden die Pfefferkörner vom Löffel angezogen. Salz reagiert zwar auch auf den aufgeladenen Löffel, aber viel träger als die flinken Pfefferkörner. Der Pfeffer ist leichter als Salz, sodass er schneller am Löffel klebt. Genau jetzt ist es an der Zeit, das Lesen zu beenden und dein Experiment zu starten!

Impressum

1. Auflage

Alle Fakten in diesem Buch wurden vom Autor und vom Verlag sorgfältig erwogen und geprüft. Eine Garantie kann dennoch nicht übernommen werden. Eine Haftung des Autors beziehungsweise des Verlags wird ausgeschlossen.

Felix Becker wird vertreten durch M. Stellnberger
Kontakt: Pixelstudio, Austraße 27a, 6063 Rum, Österreich
E-Mail: info@pixel-studio.org

Printed in Poland
by Amazon Fulfillment
Poland Sp. z o.o., Wrocław

26704351R00067